U0609957

现代生态学原理
与应用技术研究

解丹丹◎著

中国水利水电出版社
www.waterpub.com.cn
·北京·

内 容 提 要

近年来,生态学获得了快速发展,表现出应用性强、理论发展活跃等优势。

本书在阐述生态学的定义的基础上,简明扼要地论述了生态系统中的自然环境、生物种群、生态群落及基本功能研究,深入分析了生物多样性及多样性保护,系统地探讨了全球生态问题及生态文明建设、森林生态系统解析。

本书结构合理,条理清晰,内容丰富新颖,可供从事环境保护工作的科技人员参考使用。

图书在版编目(CIP)数据

现代生态学原理与应用技术研究/解丹丹著. —北京:中国水利水电出版社,2017.6 (2024.8 重印)

ISBN 978-7-5170-5607-2

Ⅰ.①现… Ⅱ.①解… Ⅲ.①生态学—研究 Ⅳ. ①Q14

中国版本图书馆 CIP 数据核字(2017)第 159763 号

书　　名	现代生态学原理与应用技术研究
	XIANDAI SHENGTAIXUE YUANLI YU YINGYONG JISHU YANJIU
作　　者	解丹丹　著
出版发行	中国水利水电出版社
	(北京市海淀区玉渊潭南路 1 号 D 座 100038)
	网址:www. waterpub. com. cn
	E-mail:sales@waterpub. com. cn
	电话:(010)68367658(营销中心)
经　　售	北京科水图书销售中心(零售)
	电话:(010)88383994、63202643、68545874
	全国各地新华书店和相关出版物销售网点
排　　版	北京亚吉飞数码科技有限公司
印　　刷	三河市佳星印装有限公司
规　　格	170mm×240mm　16 开本　16.75 印张　217 千字
版　　次	2018 年 1 月第 1 版　2024 年 8 月第 4 次印刷
印　　数	0001—2000 册
定　　价	58.00 元

前　言

　　生态学是研究生物与其所处环境之间关系的科学。随着社会的发展和科学技术的进步，一方面极大地提高了社会生产力，提高了人们的生活水平；另一方面也带来了能源短缺、资源枯竭、生态平衡失调等生态危机。这些生态危机的解决依靠生态理论的指导和技术的支持。加强生态建设、维护生态安全，是 21 世纪人类面临的共同主题，也是人类社会可持续发展的重要基础。

　　近年来，生态学获得了快速发展，表现出应用性强、理论发展活跃等优势，在一代代、一批批的生态学工作者的研究和积累中不断成熟，学科理论不断丰富，体系日臻完善。且由于该学科在解决人类面临的许多尖锐矛盾中所体现的活力、应用性及所发挥的作用等，使生态学广泛渗透于自然、社会、经济等不同领域。

　　基于生态学在人类科学管理生态系统的问题上所肩负的重要使命，在本书的撰写中，我们以生态学基础理论为主线，针对现代生态学在宏观和微观两个方向上的发展趋势、社会对生物多样性保护的迫切需求，将生物与环境关系的基本规律以及环境对生物资源的调节作用贯穿在有关章节之中。

　　本书共 8 章，包含由生物与环境关系基本原理到种群、群落、生态系统等不同研究层次的内容。第 1 章引言，阐述生态学的定义、研究内容、发展趋势以及研究方法；第 2 章生态系统中的自然环境，主要阐述了生态因子的生态作用；第 3 章生态系统中的生物种群，主要阐述了种群及其特征、增长模型、种群进化以及种内与种间关系；第 4 章生态系统中的生态群落，主要阐述了生物群落的概念与特征、组成、结构、动态、分类与排序；第 5 章生态系统的基本功能研究，主要阐述了生态系统中的能量流动、物质循环以及信息传递;第 6 章生物多样性及多样性保护,主要阐述了生物多样性的价值分析、受威胁的现状及原因、生物多样性保护;第 7 章全球生态问题及生态文明建设,主要阐述了全球范围内的生态变化、影响,以及采取的对策与建设;第 8 章森林生态系统解析,主要阐述了森林地理分布、群落结构特征、森林与全球气候变化以及森林生态环境监测。

　　生态学涉及的面很广,本书在撰写过程中加入了作者的研究积累,参考并引用了大量前辈学者的研究成果和论述,由于生态学方面的参考资料众多,所涉及的文献难免会有疏漏,在此表示歉意,同时还要向相关内容的原作者表示诚挚的敬意和谢意。

　　由于生态学内容延伸广泛、时空性强,加之作者水平有限,时间仓促,错误和遗漏在所难免,恳请读者批评指正。

作　者
2017 年 5 月

目　　录

第1章 引　言

随着世界人口的增长和对资源需求的与日俱增,环境、资源、人口等重大社会问题日益突出。在研究解决这些危及人类及各种生物生存和可持续发展的过程中,生态学得到了普遍的重视和很大的发展,成为生物学科中令人瞩目的前沿学科之一;在许多国家和地区,生态学知识得到广泛普及,"生态观点""生态危机""生态工程"等名词已成为社会日常生活用语,生态学基本原理在各个领域得到认同和应用。生态学理论的发展与完善,生态教育的普及与深入,生态环境的保护与建设,对提高维护地球生命支撑体系的指导能力,具有十分重要的意义。

1.1　生态学的定义

生态学(ecology)一词源于希腊文 oekologie,由词根 oikos 和词尾 logos 构成,oikos 的含义是"住所"或"栖息地",logos 的含义为"研究"或"学科"。从字面上理解生态学是研究生物与环境及其相互关系的科学。生态学与经济学(economics)的词根相同,这并非巧合,而有其相同的含义。

1.2　生态学的研究内容

无论是经典生态学研究生物与环境的关系,还是现代生态学研究生态系统结构与功能,都是研究一定实体(生态系统)内各层次、各要素的相互作用规律。

（1）个体生态学

个体生态学以生物个体及其居住环境为研究对象,探讨环境因子对生物个体的影响以及生物个体对环境所产生的适应和生态适应的形态、生理及生化机制,其基本内容与生理生态学相当。

（2）种群生态学

种群生态学研究的主要内容是种群密度、出生率、死亡率、存活率等基本特征和种群增长的动态规律及其调节。

（3）群落生态学

群落生态学以生物群落为研究对象,研究群落与环境间的相互关系,揭示群落中各个种群的关系,群落的组成、结构、分布、动态演替及群落的自我调节等。

（4）景观生态学

景观是以相似的形式在一定面积上重复出现的具有相互作用的生态系统的聚合所组成的区域,是反映内陆地形、地貌或景色(如草原、森林、山脉、湖泊等)的景象。景观生态学就是研究一定区域景观单元的类型组成、空间格局及其与生态学过程相互作用规律的生态学分支。景观结构包括组成景观的要素(地形、水文、地质、气候、土壤、植被及动物)和组分(森林、草地、农田、果园、水体、聚落及道路)的种类、大小、形状、轮廓、数目和它们的空间配置。景观结构及其变化对生态过程有不同程度的影响,包括要素和组分间的相互作用,能量、物质和生物有机体在组分间的流动等。

（5）全球生态学

全球生态学或称为生物圈生态学,是研究人类栖居的地球这个生命维持系统的基本性质、过程及人类可持续发展的高层次研究。引起全球生态学为世人重视的首要原因是全球环境问题和全球气候变化,它使人们从生物圈层次研究种种生态过程,如生命必需元素和重要污染物在大气、海洋、陆地之间的生物地球化学循环,海—气交换过程,陆—海相互作用。

总之，当前生态学发展的主流是研究不同类型生态系统及生态系统不同层次的组成、属性、结构、功能、生态过程及调控。此外，将生态观、生态学原理应用于社会经济各领域而形成的生态文化正悄然兴起。因此，有人将自然生态与人类社会经济、技术、文化复合而成的系统及其应用的研究称为泛生态学的研究。

1.3　生态学的发展趋势

生态学发展迅速，其发展过程经历了从物种分布和生态经营的基础研究到生态系统能量流动和物质循环规律，从对生态生物生长发育与环境光系的探索到今天在环境保护、全球变化和碳循环中的循环的作用研究等。

生态学研究强调地域、环境、生物种群和群落，探索生物种群和群落随地域和时间的变化动态和规律。当前更加关注全球/大陆和流域尺度的复杂生态系统动态过程、区域生态系统内部各亚系统间的耦合关系、各种生态环境问题间的相互作用关系等问题。

未来的重点发展方向是：全球变化敏感区生物类群、生态系统对全球变化主导因素的响应及敏感性，生物多样性与生态系统功能关系的联网实验，全球变化背景下生物入侵预警及生物多样性保护策略，土壤生物及生态过程对全球气候和环境变化的响应与适应，生态系统碳/氮/水循环过程及其耦合关系对全球气候变化的响应与适应，全球变化对生态系统化学计量学特征的影响等。

总之，自然环境是人类赖以生存的基本条件，同时也是影响经济建设和社会发展的重要因素。全球性的环境恶化是人类生存和发展所面临的重大危机，已成为国际社会普遍关注的焦点问题。

1.4　生态学的研究方法

生态学的研究方法通常包括野外的、实验的和理论的三大类。从生态学发展史来看,野外研究方法是第一位的,首先通过对自然生态现象的观察和记载收集资料。其次,早在 20 世纪 20 年代实验研究就已开始,1929 年谢尔福德的《实验室与野外生态学》一书即为代表。近几十年来,生态学还发展了在自然条件下进行实验研究的方法。理论研究最常用的方法是利用数学模型进行模拟研究。

1.4.1　生态学的方法论

任何一门学科的发展都是依靠一定的方法来实现的。从科学研究的大量事实可以看出,刚开始从事科学研究的障碍,主要在于缺乏研究方法或方法不正确。所以,正如巴普洛夫所讲"研究中的头等重要的任务是制定研究方法"。随着生态学理论和实践的发展,生态学研究的方法论也取得了较快的发展,初步形成了自己的方法论体系。但是,目前的生态学刚刚由描述阶段走向实验阶段,因此,理论和方法论结合的程度比物理、化学等较成熟的学科还差很多。这正是生态学问世以来最常受到的批评之一,同时也是在今后生态学发展中应注意的问题。

1.4.2　生态学的研究方法种类

生态学学科体系还包括其完整、系统的研究方法。由于生态学研究内容的范围非常广泛,近代生态学的发展主要是与其他学科相互渗透,走边缘学科发展的道路,使生态学研究方法也变得十分复杂。其主要研究途径可归纳为以下几个方面:

（1）野外与现场调查

在调查中除了要应用生物学、化学、物理学、地学、气象学等方面的知识和手段外，常常还需要现代化的调查工具，如调查船、飞机甚至人造卫星等，采用先进技术和仪器，如示踪元素，无线电追踪，遥感、遥测和地理定位技术，即 3S(RS、GPS、GIS)。

（2）实验室分析

除一般生物学、生理学、毒理学研究方法外，还要结合化学、物理学方法，尤其是分析化学、仪器分析、放射性同位素测定等方法。

（3）模拟实验

模拟实验是近代生态学研究的主要手段，包括实验室模拟和野外模拟自然系统。实验室模拟包括各种微型模拟生态系统，如各种土壤试验的土壤系统、人工气候箱等。室外自然系统的模拟实验，虽然十分困难，但是近年来也有很大发展。例如，人工模拟草地、森林系统，甚至模拟生物圈的巨型试验场。

（4）数学模型与计算机模拟

数学模型与计算机模拟已广泛应用于生态学各个领域，它们对生态学理论教学、科研及生态预测、预报起着十分重要的作用。

（5）生态网络及综合分析

对于区域生态系统的研究，涉及多点实验数据的收集处理及管理系统，如地理信息系统（GIS）的应用、中国生态信息网（CERN）等。

1.4.3　经典生态学

虽然经典生态学的研究是从生物的不同层次开始的，但是在研究过程中是从整体特性入手，用一个系统方法探讨的。生态系统生态学的内容进入中国的生态学课本 30 多年了，是 20 世纪 70 年代生态学发展的方向，在生态系统研究中充分体现了该学科的综合性。

　　适者生存的理论贯穿了整个生态学研究过程,在经典的个体、种群和群落生态学中渗透了进化观。生物的个体、种群和群落在不同水平对其所处的生境有其适应的对策才能够存活下来,只有能够生存才能够发展,才能够被我们发现和研究,反之亦然。经典的生态系统在不同层次上都有其能量流动和物质循环的法则,只有符合生态法则的生态系统才能存留下来,否则会崩溃。

第2章　生态系统中的自然环境

生态学涉及生物与它们的自然环境,自然环境的变化决定了生物的分布与多度,生物的生存又影响了自然环境。本章从生物与环境关系的基本原理入手,具体介绍了光、温度、水、大气、土壤与生态系统的相互作用。通过本章的学习,读者应了解生物与自然环境之间相互依存、协同进化的关系。

2.1　环境与生态因子

2.1.1　环境的概念及其类型

1. 环境的概念

在生态学中,环境(environment)是指某一特定生物体或生物群体以外的空间以及直接、间接影响该生物体或生物群体生存的一切事物的总和。环境科学中所指的环境是以人类为主体的,是指围绕着人群周围的一切。环境的概念既具体又抽象,对人类和地球上所有动植物而言,地球表面就是它们生存和发展的环境。对于某个具体人群来讲,环境是指其居住地或工作场所中影响该人群生存及活动的全部无机元素(光、热、水、大气、地形等)和有机元素(动植物等)的总和。人与人之间也是互为环境的。所以说,环境只具有相对意义,总是针对某一特定主体或中心而言的,离开了这个主体和中心也就无所谓环境。

由此可见,生态学中所指的环境和环境科学中所指的环境,无论从其范围还是从包括的因素来看,都是有区别的,这主要是由于它们的主体或中心的不同。

2.环境的类型

环境是一个非常复杂的体系,至今尚未形成统一的分类系统。一般可按环境的性质、范围等进行分类。

(1)按环境的性质分类

按环境的性质可将环境分为自然环境、半自然环境(即受人类干扰或破坏后的自然环境)、人工环境。所谓自然环境指的是不受人类活动影响或仅受人类活动局部轻微影响的天然环境。目前,纯粹的自然环境几乎不存在。人工环境指的是由人工经营和控制的环境,比如温室、水库、牧场等。

(2)按环境的范围大小分类

按环境的范围大小可将环境分为小环境和大环境。

大环境是指区域环境(如具有不同气候和植被特点的地理区域)、地球环境(包括大气圈、岩石圈、水圈、土壤圈和生物圈的全球环境)和宇宙环境(大气层以外的宇宙空间,对地球环境有着深刻的影响)。

小环境是指对生物有着直接影响的邻接环境,即是指温度、湿度、气流等因素的变化可引起局部环境变化。如树干的小环境对八齿小蠹(*Ips typographus*)的生长情况影响如图 2-1 所示。据研究,只有在第 4 区的八齿小蠹能够正常地进行生殖活动,1 区光照过于强烈,无法产卵;2 区光照较 1 区弱,产下的卵流失水分较多而干瘪;3 区温度较高,容易导致已生长发育的幼虫死亡;5 区阴暗潮湿,幼虫死亡率非常高。

又如严寒冬季,雪被上温度很低,已达到 −40℃,但雪被下的温度并不很低且相当稳定,土壤也未冻结。这种雪被下的小气候保护了雪被下的植物与动物安全越冬。因此,生态学研究更重视小环境。因此,相对于大环境,小环境对生物具有更实际的意义。

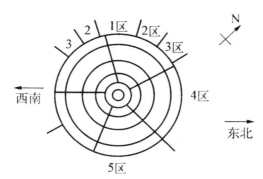

图 2-1　八齿小蠹生存的树干的小环境（引自 Schimitschek）

2.1.2　生态因子

生态因子（ecological factor）是指环境要素中对生物起作用的因子。按照此定义，生态因子有很多，包括光照、温度、水分、氧气、二氧化碳等。

生存条件与生态因子有所区别，对生物起作用的环境要素都可称为生态因子，生存条件则是指对生物生存必不可少的环境要素。

环境因子指的是生物体外全部的环境要素，故与生态因子的概念既有区别，又有联系。

1. 生态因子的分类

生态因子的数目较多，不同的分类方式，生态因子的种类不同。

（1）按生态因子的性质分类

按生态因子性质可将生态因子分为气候因子（如温度、水分、光照、风、气压和雷电等）、土壤因子（如土壤结构、土壤成分的理化性质及土壤生物等）、地形因子（如陆地、海洋、海拔、山脉的走向与坡度等）、生物因子（包括动物、植物和微生物之间的各种相互作用）和人为因子（由于人类的活动对自然的破坏及对环境的污染作用)5类。

（2）按生态因子的生命特征分类

按有无生命特征,生态因子分为生物因子和非生物因子两大类。非生物因子是指一些理化因子,例如,温度、水分、地形等;生物因子是指环境中生存的种内生物和种间生物。

（3）按生态因子对生物种群数量变动的作用分类

有一些生物因子,如生物天敌、生物食物等的数量越大,对生物种群的影响越大,种群密度变化越大,故称为密度制约因子(density dependent factor)。还有一类生物因子,对生物种群密度的影响是固定的,强度不随数量的变化而变化,称为非密度制约因子(density independent factor)。

（4）按生态因子的稳定性及其作用特点分类

按生态因子的稳定性及其作用特点可将生态因子分为稳定因子和变动因子两大类。

稳定因子是指决定了生物分布的地心引力、地磁、太阳常数等恒定因素;变动因子是影响生物分布和生物数量的变动因素,例如,潮汐涨落、风、降雨等。

2. 生态因子作用的特点

生物和生态因子之间的相互关系,存在着一定的规律性,这些规律就是研究生态因子的基本观点。掌握了这些规律,将有助于生产实践和科学研究。

（1）生态因子的综合性

生态环境是由许多生态因子组合起来的综合体,对生物起着综合的生态作用。也就是说,每一生态因子对生物的作用都不是孤立的、单独的,每一个生态因子都是在与其他因子的相互影响、相互制约中起作用的。例如,一个区域的湿润程度,不只取决于降水量,还与地下水、河网分布及径流与蒸发量等因素相互作用的综合效应有关。

（2）主导因子的作用

组成环境的所有生态因子,都是生物直接或间接所必需的,但在一般或一定条件下,其中必有 1~2 个是起主导作用的,这种起主导作用的就是主导因子。例如,温度是一年生植物和二年生植物春化阶段中起决定性作用的因子,但是温度因子也只有在适度的湿度和通风良好的条件下才能发挥作用。

(3)不可替代性

生物因子的不可替代性是指生物在生长发育过程中,所需的生存条件——光、热、水分、营养等因子对生物的作用虽不是等价的,但都是不可缺少的。某一因子的缺失都会对生物的正常生活造成影响,甚至是衰弱和死亡。这个因子的缺失无法用另一个因子来替代。

(4)生态因子作用的阶段性

生态环境的规律性变化如季节性物候、日夜温差、地区的光周期等会导致生物的生长发育具有阶段性,在不同阶段对同一生态因子需要的量也就不同。例如,水域条件对蟾蜍幼体必不可少,但变态成为成蟾后则降低对水环境的依赖性,可生活在潮湿的陆地。

(5)生态因子的直接作用和间接作用

在对生物的生长发育状况及其分布原因的分析研究中,生态因子既能直接作用也能间接作用在生物的发育过程中。生态因子的间接作用并不一定不如直接作用那样重要。例如,对于干旱地区生活的动物(如黄羊、沙土鼠)而言,雨量多少可以影响到植物生长的好坏,因而对于依赖植物为食的动物也是极为重要的。

2.1.3　生态作用的限制性

1.利比希最小因子法则

1840 年,德国化学家利比希(Liebig)已认识到生态因子对生物生存的限制作用,每种植物都需要一定种类和数量的营养物质。他发现作物的产量并非经常受到大量需要的营养物质(如

CO_2 和 H_2O)的限制(它们在自然界中通常是丰富的),而是受到生境中的一些微量元素如硼、镁等的限制。他认为植物的产量往往不是受其需要量最大的营养物的限制,而是取决于土壤中既稀少又必需的元素。这种必需元素不足或缺少都导致植物不能正常生长。后人称此为利比希最低量法则(law of the minimum),也称最小因子法则。

利比希研究并提出最低量法则时,着重针对的是有关营养物质对植物生长和繁殖的影响,此后学者们经过多年继续研究,发现这一法则对温度和光照等其他多种生态因子也是适用的。

2. 耐受性法则

英国植物生理学家布莱克曼(Blackman)早先已注意某一生态因子缺乏或不足,可以成为影响生物生长发育的不利因素,但若该因子过量,如过高的温度、过多的水分或过强的光照等,同样可以成为限制因子(limiting factor)。1913 年,美国生态学家 V. E. Shelford 在布莱克曼的基础上提出了耐受性法则,即生物在生长过程中对限制因子的适应有一个限度。如图 2-2 所示,生物的生长生殖对生态因子有一个高死亡限和低死亡限,超过这两个限度范围,生物就会死亡。

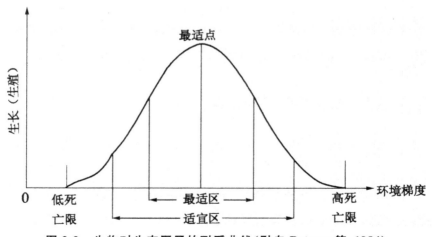

图 2-2 生物对生态因子的耐受曲线(引自 Putman 等,1984)

依据这一法则,每种生物对每一生态因素都有一个耐受范围,即有一个最低耐受值(即耐受下限)和一个最高耐受值(即耐受上限),其间的范围称为生态幅(ecological amplitude)或生态价(ecological value)。

生态幅的广狭是由生物的遗传特性决定的,也是生物长期适应其原产地生态条件的结果(图 2-3)。对于同一生态因子,不同种类生物的耐受范围是很不相同的。例如,蓝蟹(*Callinecters sapidus*)能够生活在含盐量 34‰的海水至接近淡水中,属于广盐性动物;而大洋鱼鲷类则必须生活在含盐量 35‰～36‰的海水中,明显属于喜盐狭盐性动物。

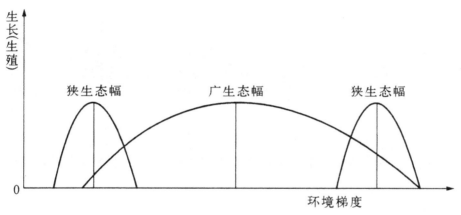

图 2-3　生物种生态幅广或狭示意图(引自 Odum,1983)

3.耐受限度的调整

由上述分析可知,生物对每一种生态因子的耐受限度是有一定范围的,但需要知道的是在进化过程中,耐受限度是可以变化的,生物耐受限度的调整可以有以下几种方式。

(1)驯化

假若生物生存在比起正常的耐受范围有一定偏移的环境中,那么该生物的耐受曲线的位置就会发生偏移,形成自己新的耐受曲线(图 2-4)。

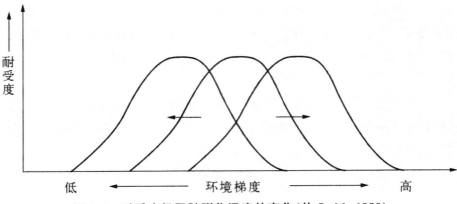

图 2-4　耐受度极限随驯化温度的变化（仿 Smith，1980）

通过自然驯化①或人为驯化就可以实现上述改变。例如，把同种金鱼分置于较低（24℃）和较高（37.5℃）两种温度下，进行长期驯化，最终它们对温度的耐受限度以及致死低温（或高温）都会产生明显差异（图 2-5）。这个驯化过程是通过生物的生理调节实现的，涉及酶系统的改变，即通过酶系统的调整，改变了生物的代谢速率与耐受限度。

在环境温度 10℃条件下检测到，5℃驯化的蛙比 25℃驯化的蛙的代谢速率（以耗氧量为指标）提高了一倍，如图 2-6 所示，所以 5℃蛙更能耐受低温环境。

植物也有类似情况。南方果木北移、北方作物南移、野生植物的培育，都要经过驯化过程。学者们的研究还证明了不同生态型（ecotype）植物有不同的驯化能力。

（2）休眠

休眠②（dormancy）是自然界生物用来抵御外界不良环境常用的一种生理机制。休眠期间，生物的生理变化较大，动物休眠时

---

①　驯化（acclimatization）一词通常指在自然环境条件下所发生的生理补偿变化，这种变化一般需要较长的时间。某种生物由其原产地（种源区）进入（引入）另一地区（引种区），在多数情况下，新地区的各种环境因子与原产地存在差异，外来生物需经较长时间的适应，这就称为驯化。

②　休眠一般是指生物在发育过程中生长和活动暂时停止的现象。植物中如种子、孢子和芽的休眠；动物中，如一些兽类的冬眠（hibernation）和夏眠（estivation）。

可伴随心跳速率减慢、血流速度减慢、新陈代谢降至极缓,能量消耗极小;植物的种子在休眠状态下长期保存生活能力,直到适合生存的环境条件出现即可萌发。这种休眠方式可帮助动植物适应低温、干旱等恶劣环境,在休眠期内,它们对环境条件的耐受幅度会比正常活动期的耐受范围宽得多。

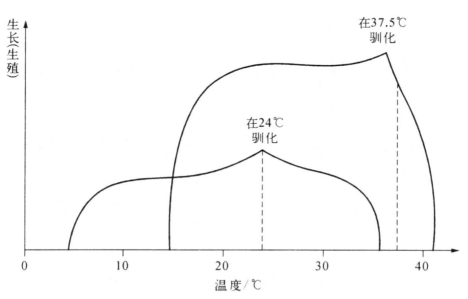

图 2-5 金鱼经两种温度驯化后的耐温限度(仿 Putman 等,1984)

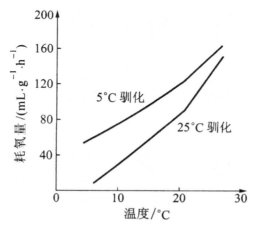

图 2-6 在 5℃和 25℃驯化的蛙在不同温度
下的氧消耗(引自 Randll 等,1997)

2.2 生物与光因子

地球的光资源主要靠太阳,没有太阳就没有地球上的各种生物。太阳辐射能是维持地表温度,促进地球上水、大气运动和生物活动的主要动力。

2.2.1 太阳光辐射与能量环境

太阳辐射光谱主要由紫外线(波长小于 380nm)、可见光(波长 380~760nm)和红外线(波长大于 760nm)组成,三者分别占太阳辐射总能量的 9％、45％和 46％,大约有一半辐射能是在可见光谱范围内如图 2-7 所示。

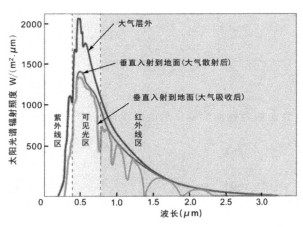

图 2-7　进入地球大气的太阳光谱(引自 Mackenzie 等,1998)

地球表面的太阳光辐射受到以下几方面主要因素的影响。

(1)大气层内各种成分的影响

太阳辐射通过大气层时,由于云、大气中的微粒、气体分子吸收、反射和散射,在到达地球表面时,其强度和光谱组成均有明显变化。北半球平均而言,到达大气顶层的太阳辐射中,53％的辐射都无法到达地球表面,入射的太阳辐射 25％被云层反射,9％被大气中的颗粒散射,并回到外层空间。10%以上为云层吸收,9%为水汽吸收。最后到达地面或植被的辐射是由直射光、来自云层的散射辐射以及来自天空的散射辐射组成。

穿过大气层后,太阳辐射光谱(也称为光质)也有明显变化,大气上层的 O_3 吸收紫外线,大气中的 CO_2 和 H_2O 分子吸收红外线,由于大气层的这种过滤作用,达到地面的太阳辐射主要是可见光。

(2)时间和空间的变化

在所有生态带中以夏季的光照最好(月平均值最高)。当夏季光照高峰(最高月平均光照)时,所有生态带(观测站)的高光照量都比较接近(图 2-8),其他季节光照量则差别很大。这是因为,辐射强度在赤道地区最大,全年变幅最小,随纬度的增加辐射强度逐渐减弱,而全年变幅增大。不同生态带年光照总量和植被期光照总量的差别,在于较强的夏季光照持续期的长短和时间幅度的不同,由于夏季湿热,植物能够更好地利用阳光供给的能量。

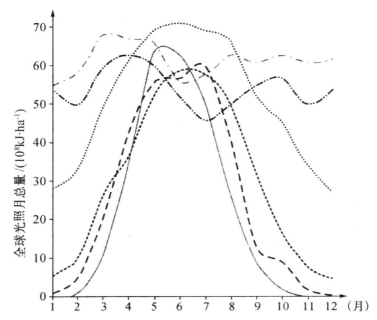

图 2-8　不同生态带观测站光照量一年中的变化(引自 Schultz,2010)

（3）水体的影响

水体对太阳光辐射的减弱作用非常明显。如图 2-9 所示,太阳光中的红外线和紫外线照射不到水的深处,红光在 4m 以下的水域基本就已被吸收殆尽,只有蓝绿光才能到达水体的较深处。

与此相对应,由于不同藻类所含色素不同,有效吸收光波的波谱段不同。水中藻类长期适应不同深度光波而使光合作用最有效,而导致绿藻分布在上层水中,褐藻分布在较深水层中,红藻分布在最深层,可达 200m 左右。水体中的辐射强度随水深度增加而减弱。

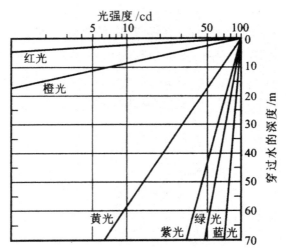

图 2-9　各种波长的光穿过蒸馏水时的强度变化（引自 Kormondy,1996）

（4）植物对光照的影响

叶片吸收、反射和透射光的能力,因其厚薄、结构、绿色程度以及表面性状而异,其作用强度则取决于光的波长。在红外光区,叶片反射 70％垂直照射光;在可见光区,红光反射较少（3％～10％）,绿光反射较多（10％～20％）;在紫外光区,只有 2％～5％进入叶片的深层。叶片吸收太阳辐射具有选择性,可见光大部分被吸收用于光合生产,其中对红橙光和蓝紫光的吸收率最高,为 80％～95％。光的透射情况则取决于叶片的结构和厚薄,中生形态的叶片透过太阳辐射约 10％,薄叶可透过 40％以上,厚叶可能不透光。反射率最大的光透过也最强,即红外光和绿光的透过最强。

　　树冠区叶片相互重叠,阳光通过树冠,强度逐渐减弱。因此,在树冠层内,不同叶片接收的辐射量不等。同理,照射在植物群落上的太阳光,大部分被稠密的叶子逐层吸收和重复反射,仅少部分穿过枝叶间隙射入群落内部。由于太阳的移动及枝叶的摆动,在群落内部,直射光的照射点不稳定,照射时间不连续,以散射光占优势。在浓密的植物群落中光照更弱,阴暗往往成为限制某些物种存在的因素(图 2-10)。

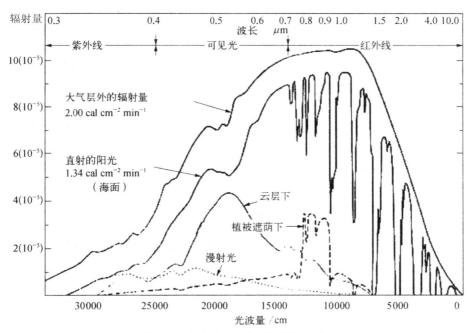

图 2-10　阴天及植被遮荫对地球太阳辐射量的影响(仿 Remmert,1989)

(5)现代社会对光照强度的影响

　　现代化城市高楼林立、街道狭窄,各种建筑改变了辐射强度的分布,在同一街道和建筑物的两侧,辐射强度会出现很大差别,对绿化植物的配置与人的舒适度产生较大的影响。在城市中,由于工厂生产、交通、取暖等燃料消耗要产生废气,增加了大气中的烟尘。因此,太阳辐射要比郊区大大减少,特别是在太阳高度比较低的时候,如在早晨和傍晚,以及冬季高纬度地区,太阳辐射在通过城市的污染层时,减弱比较明显。同时因为烟尘对太阳辐射的吸收和散射具有选择性,城市中波长小于500nm的短波辐射减弱较多,所以在城市中,紫外线相对较少。

2.2.2 光质的生态作用及生物的适应

光是重要的生态因子,对生物的生长发育、形态建成、繁殖、生理、生态等方面起重要的作用。生物长期生活在一定的光照环境里,形成了对不同光照条件的适应特征,表现为不同的生态类型。

1.光对植物的生态作用

光是光合作用能量的来源,影响细胞的分裂,适宜的光照能促进细胞的生长和分化,促进组织和器官的分化,制约着器官的生长和发育速度。

光能被绿色植物的叶绿素吸收并用于光合作用(photo synthesis)——将辐射能转换成具有丰富能量的糖。从前面的分析可以看出,光合作用并不能利用全部的太阳能光谱,只能利用380~710nm波长的辐射能,称为光合有效辐射(photosynyhetically active radiation)。这个带对应于辐射能流的最大带(图 2-11)。

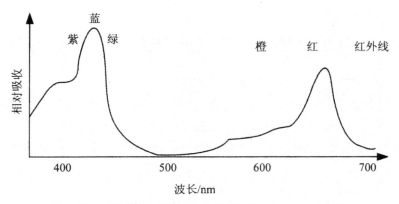

图 2-11 叶绿素 A 吸收光谱(引自 Mackenziee,1998)

2.光照强度的生态作用及生物的适应

（1）光照强度对动物的影响

光照强度影响动物的生长发育，例如，蛙卵在有光环境下孵化与发育快；而海洋深处的浮游生物在黑暗中生长较快；喜欢在淡水水域底层生活的中华鳖（*Pelodiscus sinensis*），在黑暗下的生长速率明显比强光照下快（图 2-12）。

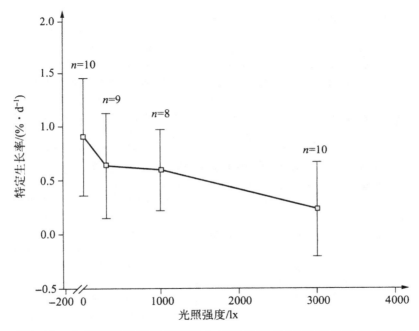

图 2-12　中华鳖随光照强度变化生长率的变化（引自周显青等，1998）

注：*n* 表示光照时间

（2）光照强度对植物的影响

在不同植物种中，植物光合能力对光照强度的反应不同。在 C_4 植物中，例如，玉米（*Zea mays*）、高粱（*Sorghum vulgare*），光合作用速率随有效辐射强度的增加而增加（图 2-13）。在较普遍的 C_3 植物中，如小麦（*Triticum vulgare*）和水青冈（*Fagus longipetiolata*），光合作用速率变平（图 2-13）。这是由于 C_4 植物能够利用低浓度 CO_2，伴随水的利用效率比 C_3 植物更大，其缺点是需要消耗能量,因而 C_4 植物在热带和亚热带植物区系中种植更为普遍。

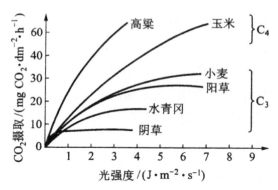

图 2-13　C_3 和 C_4 植物在最适温度和正常 CO_2 浓度时,
光合作用对光强度的反应(引自 Mackenzie 等,1998)

　　植物物种对光辐射强度的适应性差异是一种进化表现。阳地植物一般生长在光照强烈的开阔地区,阴地植物一般生长在光照较弱的遮阴地区,但后者利用低强度的光的效率要比前者高。阳地植物的光补偿点①和光饱和点②高于阴地植物,如图 2-14 所示。

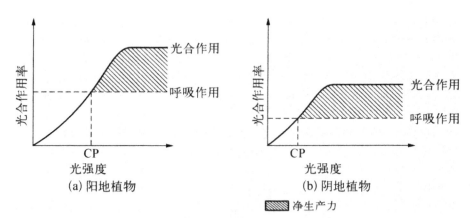

图 2-14　阳地植物和阴地植物的光补偿点位置示意图(CP=光补偿点)

---

　　①　光合作用合成的有机物刚好与呼吸作用消耗的有机物相等时的光照强度称为光补偿点。

　　②　光合作用将随着光照强度的增加而增加,直至达到最大值,此时再增加光强,光合效率也不会提高,这时的光照强度称为光饱和点。

2.3　生物与温度因子

2.3.1　温度因子的生态作用

1.温度的空间分布与变化

地球表面的热源能量来源于太阳光辐射。物体吸收太阳辐射后温度升高,由此释放出热能成为地表大气层热能的主要来源。地球表面温度分布不均,差异较大。从整体角度来说,影响地球表面温度的因素主要是太阳能辐射量和地表水陆分布。

纬度不同,温度变化不同。在纬度最高的地区,太阳高度角最小,太阳辐射量最小。太阳辐射量随着纬度的降低而逐渐增加,气温也逐渐升高,如图 2-15 所示。据研究,每降低 1°,地表年平均温度升高 0.5℃。根据赤道到北极的温度分布状态,将地球表面分为寒带、北温带、亚热带、热带。

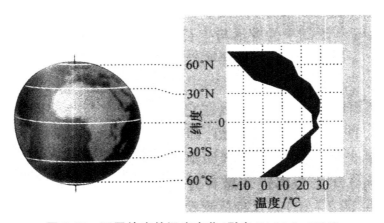

图 2-15　不同纬度的温度变化(引自 Ricklefs,2001)

土壤和水对热量的存储和吸收特征有很大的差异,因此,陆地表面和海洋对温度的影响也不相同。海洋比陆地降温慢,升温也慢,故海洋对海岸区域的气温有较大的调节作用。因此,同一纬度地区,陆地和水表面的分布不同也会导致温度具有较大的差异。

地形和海拔对温度也有一定的影响。随着海拔升高,温度降低,大致是海拔每升高 100m,气温下降 0.5~0.6℃,温度的这种垂直递减率,夏季较大,冬季较小。随着海拔升高,风力加大,空气稀薄,保温作用差,所以海拔是引起温度变化的重要原因。不同坡向,热量分配不均。北半球南坡接收的太阳辐射量高,所以南坡空气和土壤温度比北坡高。

山区晴朗天气的夜间,因地面辐射冷却,近地面形成一层冷空气,密度大的冷空气顺山坡向下沉降并聚于谷底,而将暖空气抬至山坡一定高度,前者称霜穴或"冷湖",后者称暖带,总体称为逆温现象,暖带是喜暖植物栽种的安全带,而霜穴处容易发生低温危害。

2. 水体温度的变化

海洋水体的温度变化幅度与大气相比较小,这是因为水体的热容量较大,温度变化没有大气温度变化明显。且海洋的温度受水深度的限制,当海水深度达到 15m 时,温度不随昼夜变化;当海水深度达 140m 时,水温不随季节变化。

3. 温度与生物生长

生物体内的新陈代谢活动都有酶系统的参与,酶的种类不同,相应生物的"三基点①"也就不同。也就是说,生物生长受到温度的影响较大。不管是高温还是低温,都能够对生物体内的酶造成致命的影响,对生物的生长造成严重的破坏。

---

① 生物学最低温度是开始生长和发育的下限温度,生物学最适温度是维持生命最适宜及生长发育最迅速的温度,生物学最高温度是维持生命能忍受的上限温度,合称为三基点温度。

在一定的温度范围内,生物的生长速率与温度成正比,在多年生木本植物茎的横断面上大多可以看到明显的年轮,这就是植物生长快慢与温度高低关系的真实写照。同样,动物的鳞片、耳石等,也有这样的"记录"。

2.3.2 极端温度对生物的影响

1. 生物对低温的适应

温度低于一定的数值,生物便会因低温而受害,这个数值便称为临界温度。根据低温对生物造成伤害形式的不同,可将伤害分为冷害、霜害和冻害三个类型。冷害是指喜温生物在零度以上的温度条件下受害或死亡,霜害则是指伴随霜而形成的低温冻害,冻害是指冰点以下的低温使生物体内(细胞内和细胞间隙)形成冰晶而造成的损害。

在低温环境生活较长时期的生物已经发生进化,从形态、生理等方面对低温环境予以适应。

(1)植物对低温的适应

在形态上,植物表面被蜡粉和密毛,抵御低温;极地和高山植物拥有油脂类物质用于自身保护;芽具鳞片以御寒;植物矮小并呈匍匐状,以减少热量损失。

在生理上,生活在低温环境中的植物常通过减少细胞中的水分和增加糖类、脂肪、色素等物质的含量来增强抗寒能力。例如,鹿蹄草(*Pyrola calliantha*)可以通过在叶细胞中大量储存五碳糖、黏液等物质来降低冰点抵御寒冷,这样可使其结冰温度降到−31℃。另外,极地和高山植物能吸收更多的红外光,可见光谱中的吸收带也比较宽,这也是低温地区植物对低温的一种生理适应。

(2)动物对低温的适应

动物的体型随外界环境温度的不同而有差异。例如,生活在高纬度地区的恒温动物,其身体往往比生活在低纬度地区的同类个体大,这种趋势称为贝格曼(Bergman)规律。这是由于个体大的动物,其单位体重散热量相对较少,如我国东北虎的躯体比华南虎大,北方野猪比南方大。

另外,在寒冷地带的哺乳动物,它们身体的突出部分如四肢、尾巴和外耳都有明显缩短的现象,这被称为阿伦(Allen)规律。例如,如图 2-16 所示为非洲热带的大耳狐、温带常见的赤狐以及北极的北极狐,随着栖息地温度的由高到低,其外耳明显缩短。

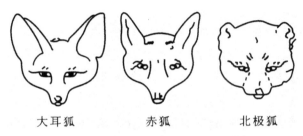

大耳狐　　　　　赤狐　　　　　北极狐

图 2-16　大耳狐、赤狐及北极狐的
外耳长短比较(引自孙儒泳,1987)

2.生物对高温的适应

(1)植物对高温的适应

植物的发育阶段不同,对于高温的适应性也不同,休眠期对于高温的抵抗性很大,生长初期抗性很弱,随着植物的生长,抗性逐渐增强。但开花期对高温最敏感。

植物对高温的生理适应主要表现在三个方面:①通过增加细胞内糖或盐的浓度,降低细胞含水量,来增强原生质的抗凝结力和降低代谢率;②靠旺盛的蒸腾作用避免植物体因过热受害;③还有一些植物具有反射红外线的能力,夏季反射的红外线比冬季多,这也是避免植物体受到高温伤害的一种适应。

植物的叶片形状也会对温度产生适应,较大的叶片适合在凉爽、遮荫环境中生活;较小的叶片或者复叶适合生活在高温环境中,它可以提高叶片热量的散失(图 2-17)。

(a)糖枫(*Acer saccharum*) 　　　　(b)加拿利海枣(*Phoenix canariensis*)

图 2-17　植物叶片形状对温度的适应

大多数高等植物的最高点温度是 35～40℃，只比最适温度略高。高于这个温度，植物受到高温伤害，出现很多生理上的异常现象，如光合作用受抑制，叶片出现死斑，叶绿素受破坏，叶色变褐、变黄，提前衰老。温度到 45～55℃时，植物将死亡。

在以下几种情况下，都可能出现叶片灼伤。首先是在温室中，由于结构不合理，会造成一定程度的聚光，灼伤植物，宜以遮荫来解决。其次是阴性植物在炎夏时暴露在强烈日照下，叶片出现灼伤。最后是某些温带植物，在亚热带地区，由于不适应酷热，导致叶片灼伤枯黄，进入半休眠状态。地表温度高，也会灼伤花卉柔弱根茎。

（2）动物对高温的适应

为适应高温状态，有的动物的身体组织会有一些变化。例如兔子的耳朵，皮薄、无毛、血管丰富的部位，有利于散热。羚羊类和其他的有蹄动物，有特殊的血管结构可防止脑过热。它们的颈动脉在脑下部形成复杂的小动脉网，包围在从较冷的鼻区过来的静脉血管外，通过逆流热交换而降温，使脑血液温度比总动脉血低(图 2-18)。

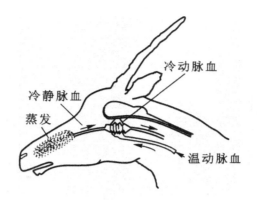

**图 2-18 非洲瞪羚颈动脉形成小动脉网,使脑温
比核温维持更低(引自 Schmidt-Nielsen,1997)**

生理上,适应高温的动物能够对自身温度进行调节。在温度高时,将吸收的热量储存在体内,体温随之升高;在温度降低或处于阴凉环境时,通过自然环境的对流将热量散发。例如荒漠中的骆驼,饮水时,体温昼夜变化幅度达 3℃,缺水时,变化幅度达 7℃(图 2-19)。动物将热量贮存在体内,减少了散发热量需要蒸发的水量,这对在干热缺水环境中的生活无疑是一种很好的适应。

当水分不构成限制时,动物可通过蒸发冷却降低体温,如出汗和喘气。鼠类可通过分泌的唾液降温。

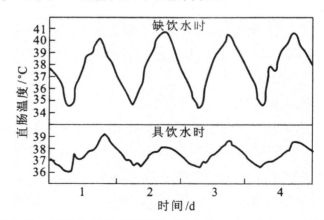

图 2-19 骆驼体温的昼夜变化(引自 Schmidt-Neilson,1997)

2.4　生物与水因子

2.4.1　水的生态作用

水分子由具有 105°的氢—氧—氢组成,其形状导致有氢的一边显正电性,另一边显负电性(图 2-20),使水分子能被吸附到带电的离子上。由于水的这种极性性质(polar nature),水分子能和其他生物成分结合,也使水成为最好的溶剂,保证了各种营养物质的转运。

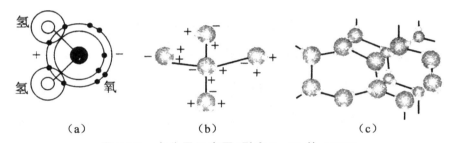

（a）　　　　　　　　（b）　　　　　　　　（c）

图 2-20　水分子示意图(引自 Smith 等,2001)

图 2-20(a)中,一个水分子中被结合的两个氢原子间的夹角为 105°,图 2-20(b)中,一个水分子中部分氢原子正电吸引另一个水分子氧原子的负电形成氢键,图 2-20(c)所示为在低于 0℃的冰中,氢键把水分子固定形成晶格。

水是生命之源,是生命体重要的组成部分,没有水就不会存在生命。水是生命活动的基础,它不仅直接参与生物的新陈代谢过程,还是植物光合作用的原料。从水对生物的生态作用上讲,水因子的多少对生物的数量、资源、分布都有重要影响。全球降水分布不均,地理纬度、海陆位置、海拔等环境条件对水因子的分布有很强的影响。

2.4.2 植物对水因子的适应

1. 植物与水

按照植物对水分的需求,可将植物分为水生植物和陆生植物两种。

(1)水生植物

根据生长环境中水的深浅不同,水生植物可划分为沉水植物、浮水植物和挺水植物三类。

沉水植物:整株植物沉没在水下,为典型的水生植物。细胞表面没有角质层、蜡质或木栓质等结构,根退化或消失,无性繁殖比有性繁殖发达。如狸藻、金鱼藻和黑藻等。

浮水植物:叶片漂浮水面,气孔多分布在叶的表面,无性繁殖速度快,生产力高。如凤眼莲、浮萍、睡莲等。植物体内的腔通道通常形成一条连续的空气通道系统,通过这个系统,浮水植物可以利用气孔与大气进行气体交换。

挺水植物:植物体大部分挺出水面,具有非常发达的地下茎,繁殖速度快,一般在较浅的水体中生长,如芦苇、香蒲等。

(2)陆生植物

陆生植物指生长在陆地上的植物。包括湿生、中生和旱生三种类型。

湿生植物:多半生长在水分比较丰富的地方,它们的生境有些是泥泞的地区,有些是地下水位高的地区。蕨类、兰科、莎草科、禾本科植物等都属于这个类型。

中生植物:该类植物具有一套完整的保持水分平衡的结构和功能。其根系和输导组织均比湿生植物发达。

旱生植物:凡是有适应干旱或缺乏适应水分环境能力的植物,均称为旱生植物。旱生植物适应干旱的方法多种多样,有的是形态结构上的,有的是生理上的特性,也有的二者兼之。旱生植物在形态结构上,一般有发达的根系,例如,沙漠地区的骆驼刺地面部分只有几厘米,而地下部分可以深达15m,扩展的范围达623m,可以更多地吸收水分;叶面积很小,如图2-21所示。

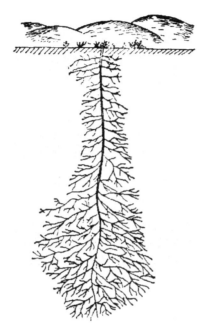

**图2-21 骆驼刺的地下部分和
地上部分(引自曲仲湘等,1983)**

又如仙人掌科的许多植物,叶特化成刺状,如刺叶石竹(图2-22);有的旱生植物还具备发达的贮水组织,例如,美洲沙漠中的仙人掌树(图2-23),高达15～20m,可贮水2t左右;南美的瓶子树、西非的猴狲面包树,可贮水4t以上。

2.植物群落水分的平衡

对于大多数植物群落,降水是植被唯一的水分输入途径,水分进入群落后,一部分贮存在群落中,大部分则通过植物和土壤的蒸发及地表径流输出(图2-24)。群落的水分平衡可用下面的方程表示:

图 2-22 刺叶石竹(引自曲仲湘,1983)

图 2-23 树形仙人掌

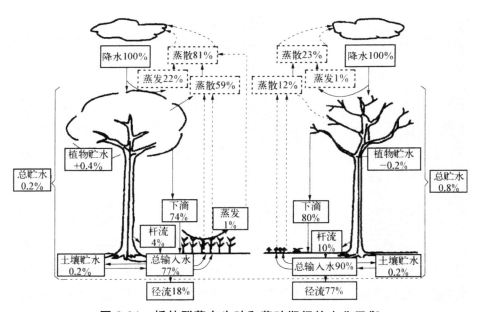

图 2-24 栎林群落在生叶和落叶期间的水分平衡

$$P_r = \Delta W_C + \Delta W_S + L_T + L_E + L_{RP}$$

式中，P_r 为降水量；ΔW_C 为群落贮水量；ΔW_S 为群落地段土壤贮水量；L_T 为植物蒸发量；L_E 为土壤蒸发量；L_{RP} 为地表径流和下渗量。

上式可变为

$$\Delta W_C = P_r - \Delta W_S - L_T - L_E - L_{RP}$$

自然条件下，群落的水分输入是不均匀的，因为降水量在时间上变幅很大，有时降水会多于蒸发和地表径流，有时降水不足，不能满足植物的需求。植物的蒸发和蒸腾是群落耗水的主体，群落的日耗水量与群落绿色部分的重量成正比（图 2-25）。

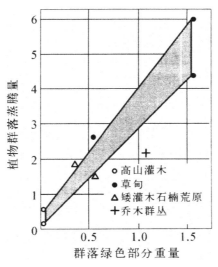

**图 2-25　植物群落日耗水量与群落
绿色部分重量的关系**

在相似的气候条件下，森林的日蒸腾量明显高于草地，而草地又高于荒地。由于群落内的小气候有利于限制蒸发作用，单个叶片的蒸腾速率随群落密度的增加而降低。但随着群落密度增加（叶面积指数增加），群落的蒸发蒸腾量则会增加（图 2-26）。

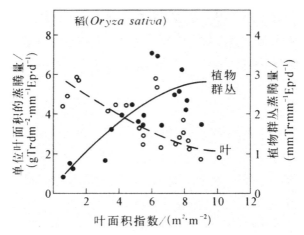

图 2-26　水稻叶面蒸腾量和群落蒸腾量的关系

2.4.3　动物对水的适应

1. 陆生动物的水分平衡

陆生动物的水分平衡可以用下面的方程表示：

$$W_{ia} = W_d + W_f + W_a - W_e - W_s$$

式中，W_{ia} 为陆生动物体内的水分；W_d 为动物通过饮用获得的水分；W_f 为动物通过食物获得的水分；W_a 为动物从空气中吸收的水分；W_e 为蒸发失去的水分；W_s 为通过分泌和排泄损失的水分（图 2-27）。

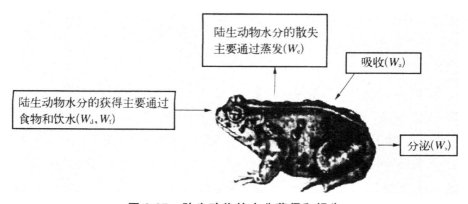

图 2-27　陆生动物的水分获得和损失

陆生动物失水的主要途径是皮肤蒸发、呼吸失水和排泄失水等，丢失的水分主要是从食物、代谢水和直接饮水三个方面得到弥补，但在有些环境中，水是很难得到的，因此，陆地植物在进化过程中形成了各种减少或限制失水的适应。甚至，某些昆虫、荒漠中的一些啮齿类，如更格卢鼠科（Heteromyidae）的更格卢鼠，可以不饮水而仅利用食物中的水分正常生活（图 2-28）。

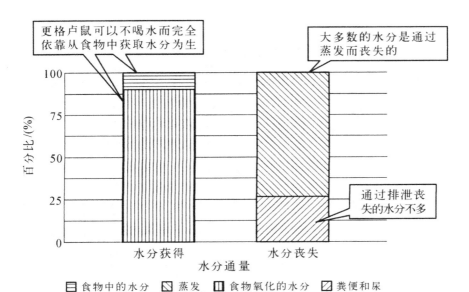

图 2-28 更格卢鼠的水分平衡

水分对陆生动物的影响更多地体现在湿度方面，湿度对动物的死亡率、发育速度、生育力和寿命等方面都有一定的影响（图 2-29）。不同的湿度条件下，陆生动物的适应也各有不同。

在自然进化过程中，自然界的生物已经进化出了不同的形态结构用于应对环境湿度，即水分的变化。这种形态结构上的适应是依靠减少呼吸失水来实现的。例如，昆虫几丁质的体壁可防止水分的过量蒸发；烟管螺（生活在高山干旱环境中）可以产生膜以封闭壳口来对低湿条件适应；昆虫通过气孔的开放与关闭，可使失水量相差数倍（图 2-30）。

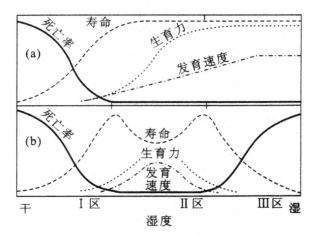

**图 2-29　湿度对动物的死亡率、发育速度、生育力和
寿命影响的模式图（转引自孙儒泳，1987）**

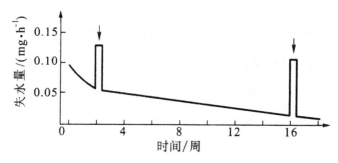

**图 2-30　黄粉蚜幼虫在 0%～15% 相对湿度下的
失水量（转引自孙儒泳，1992）**

注："↓"表示加入 5%CO_2，使气孔开放。

　　还有一种形态结构适应的方式是通过减少蒸发失水来进行
的。例如，爬行类动物身上的角质层非常厚、鸟类身上覆盖着较
厚的羽毛、哺乳类动物身上分布着大量的毛和皮脂腺，都能够起
到减少水分蒸发的作用。如图 2-31 所示为覆盖一层厚壳的龟在
环境中水分改变的情况下，体内水分的变化。由图 2-31 中可以看
出，环境水分越少，龟体内水分蒸发越少。

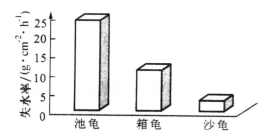

图 2-31　生活在不同环境中的龟的失水率（引自 Moues,1999）

注:池龟、箱龟与沙龟分别栖息在湿的、微湿的与干燥的环境中。

2.水生动物的水分平衡

不同类群的水生动物,有着各自不同的适应能力和调节机制。水生动物的分布、种群形成和数量变动都与水体中含盐量的情况和特点密切相关。渗透压调节可以通过限制外表对盐类和水的通透性,改变所排出的尿和粪便的浓度与体积,逆浓度梯度地主动吸收或主动排出盐类和水等的方法来实现。如淡水动物体液的浓度对环境是高渗性的,体内的部分盐类既能通过体表组织弥散,又能随粪便、尿排出体外,因此体内的盐类有降低的危险。为保持淡水动物的水盐代谢平衡,一般可采取三种措施:一是使排出体外的盐分降到最低限度;二是通过食物和鳃从水中主动吸收盐类;三是不断将过剩水排出体外,而丢失的溶质,通过从食物中获得或动物的鳃或上皮组织主动地从环境中吸收,如钠等。

海洋生活的大多数生物体内的盐量和海水是等渗的(如无脊椎动物和盲鳗),有些具有低渗性,如七鳃鳗和硬骨鱼类,容易脱水。在摄水的同时又将盐吸入,它们对吸入多余的盐类排出的办法是将其尿液量减少到最低限度,有时甚至达到以固体的形式排泄,同时鱼的鳃上的泌盐细胞可以逆浓度梯度向外分泌盐类。海产真骨鱼的时间转化非常快,每小时大约转换其所含氯化物总量的 $10\%\sim20\%$,淡水真骨鱼每小时只转换 $0.5\%\sim1\%$。水生动物等渗、高渗、低渗模型如图 2-32 所示。

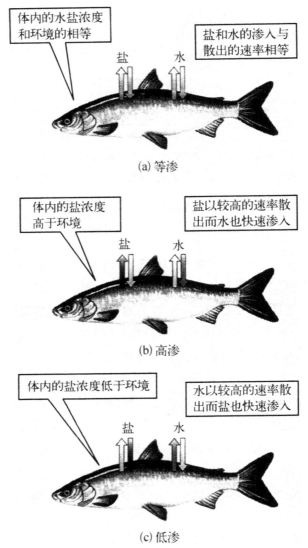

体内的水盐浓度
和环境的相等

盐和水的渗入与
散出的速率相等

盐　水

(a) 等渗

体内的盐浓度
高于环境

盐以较高的速率散
出而水也快速渗入

盐　水

(b) 高渗

体内的盐浓度低于环境

水以较高的速率散
出而盐也快速渗入

盐　水

(c) 低渗

图 2-32　水生动物等渗、高渗、低渗模型

2.5　生物与土壤因子

　　土壤是具有一定肥力，能够生长植物的地球陆地的疏松表层。它能供给植物以生活空间、矿物质元素和水分，是生态系统中物质与能量交换的场所。因此,土壤是一个重要的生态因子,包括土壤中的物质转化、生物代谢、根系的土壤营养机制以及土壤温度、水分、空气的变化等。

对植物来说,土壤是不可缺少的生态因子,这是因为植物的根系一般都扎在土壤里,植物通过根系与土壤发生一系列较为频繁的物质交换,相互作用。

对动物而言,土壤环境的变化程度小于大气,环境稳定程度较高,动物在土壤中能够得到非常好的掩护环境。

但是,由于土壤自身结构特点,生物在土壤中的运动非常困难,所以除了少数动物(如蚯蚓、蝼蛄等)能在土壤中挖穴居住外,大多数土壤生物群(soil biota)都只能利用枯枝落叶层中的空隙和土壤颗粒间的孔隙作为自己的生存空间。

2.5.1　土壤对生物的影响

土壤是陆地生态系统的基底,同时是多种生物栖息和活动的场所,也是陆生植物及沉水植物的生长基地。生态系统中的许多基本功能过程(如分解过程、固氮过程)都是在土壤中进行的。与气候条件一样,土壤因素也是决定陆地生态系统的类型和分布重要的生态因素之一。

1. 土壤的组成与质地

土壤的组成部分有矿物质、有机质、土壤水分和土壤空气。四种组成成分的容积百分数加起来为100%。植物生长的最适合含水量是容积的25%,而空气占25%。在自然条件下,空气和水分的比例是经常变动的。固体部分有38%的矿物质和12%的有机物质。土壤不仅是上述四种组成成分的总和,还包括四种组成成分相互作用的水解、中和、氧化、还原、合成及分解的产物。例如,土壤矿物质和水相互作用不仅产生黏土矿物和氧化物,还释放许多营养元素。矿物质和气体之间的相互作用主要是氧化作用,而在渍水土壤中主要是还原作用,其过程对植物吸收养分和水分都有影响。

组成土壤的各种大小颗粒按直径不同可分为粗砂(0.2~2.0mm)、细砂(0.02~0.2mm)、粉砂(0.002~0.02mm)和黏粒(0.002mm 以下)。这些不同大小颗粒组合的百分比,称为土壤质地(texture)。根据土壤质地,可将土壤分为三类,各自的特点及说明见表 2-1。

表 2-1　土壤类型及其特点

土壤类型	土壤颗粒	黏结性	通气性能	蓄水性能	特性说明
砂土	较粗	小	强	差	养料易流失,保肥性能差
壤土	较均匀	平均	通气	透水	适宜农业种植
黏土	细	重	差	强	保水保肥能力强,但透水透气性能差

2.土壤水分

土壤水分的过多或过少都会影响植物的正常生长。土壤水分含量较少时,植物就会处于缺水状态。此时,好氧细菌活动增强,土壤中的有机质被加速分解,含量降低,导致植物养分不足。土壤水分过多,或者地下水位接近地面时,土壤中的空气流通不畅,常引起有机质的嫌气分解,产生许多还原物质(如 H_2S)和多种有机酸,抑制植物根的生长并易使之老化。因此,在生产实践中,可以通过合理灌溉和干、湿交替等途径,来控制和改善土壤水分的状况。

土壤中水分含量的多少对土壤动物的数量及分布也有一定的影响,这是因为不同种类的土壤动物对土壤湿度的要求也不相同。例如,蚯蚓在土壤干旱时,常钻进较深的土层中或夏蛰,随着雨水的来临,它们才又恢复活动;沟金针虫主要分布在平原旱地,湿地虽有发现,但一般密度较小,其分布区年降水量为 500~750mm;而细胸金针虫的情况与之不同,其多分布在水地或湿度较大的低洼地,以及黄河沿岸的冲积地。这表明不同种类的土壤昆虫对土壤湿度有不同的选择和要求。

3. 土壤空气

土壤中的空气对生物也有较大的影响。这是因为,由于土壤动物、植物根系以及微生物的生命活动,土壤空气中也含有一定量的氧气和二氧化碳,但是二者浓度与大气中的含量差别很大。即使土壤动物以及植物不断消耗氧气、产生二氧化碳,土壤空气中二氧化碳的含量约为 0.1％,氧气的含量为 10％～12％。氧气和二氧化碳受外界条件,例如,季节、昼夜等因素的影响,变化较大。在积水或透气差等情况下,土壤中空气含量会更低,低于10％,对植物根系的呼吸产生抑制作用,土壤动物此时也会向表层移动来应付此类情况。

4. 土壤温度与生物

不同土壤类型有不同的热容量和导热率,一般而言,湿土的热容量和导热率大于干土。土壤的温度变化受土壤深度的支配。一般来说,土壤温度有昼夜和季节性的变化。但当土壤深度超过一定限度之后,温度就对其无影响了。土壤深度超过 1m 后就不受昼夜变化的影响,超过 30m 后就不受季节变化的影响了。

土壤温度对植物的生态作用影响较大。温度的高低直接制约着植物种子的生根发芽、土壤中有机物的分解与转化。不同种类植物的种子萌发所需的土壤温度各不相同。秋播作物发芽出苗要求的地温较低,夏播作物发芽出苗要求的地温较高。如小麦发芽所需的最低温度为 1～2℃,最适温度为 18℃;玉米和南瓜发芽的最低温度为 10～11℃,最适温度为 24℃。但土壤温度过高或过低都能减弱根系的呼吸能力,不利于根系及地下贮藏器官的生长。例如,向日葵的呼吸作用在土壤温度低于 10℃ 和高于25℃时都会明显减弱。土壤温度对土壤微生物的活动和腐殖质的分解都有明显影响,从而影响植物的生长。

土壤温度对生活在其中的动物也有着较大的影响。在一定的温度范围内,土壤中微生物的活跃度随土壤温度的升高而增强,分解作用加快,有机物等养分含量增多。土壤温度在空间上的垂直变化深刻影响着土壤动物的行为。一般来说,土壤动物于秋冬季节向土壤深层迁移,于春夏季节向土壤上层回迁,其移动距离与土壤质地有密切关系。很多狭温性土壤动物不仅表现有季节性垂直迁移,在较短的时间范围内也能随土壤温度的垂直变化而调整其在土层中的活动地点。

不同类型土壤动物对土壤温度的耐受能力是不同的。跳虫、土壤蜱螨(Acarina)、有壳变形虫、轮虫、熊虫等对低温的耐受力强,因而能够分布到高纬度和高山地带;而涡虫、白蚁、蜚蠊、尾蝎、地中性两栖类及爬行类等对低温耐受力弱,在 $-1.2\sim2℃$ 短时间暴露即可死亡。土壤动物对高温的耐受力较弱,尤其当土壤干燥时高温有致命的危险。

2.5.2　土壤因子主导的植物生态类型

常见的以土壤为主导因子所形成的植物生态类型,主要有喜钙植物、喜酸植物、盐生植物及砂生植物等。

1. 喜钙植物

生长在含有大量代换性 Ca^{2+}、Mg^{2+} 而缺乏代换性 H^+ 的钙质土或石灰性土壤的植物称为喜钙植物(calciphile),又称钙土植物(calciphyte)。它们不能在酸性土壤上生长。如蜈蚣草(Pteris vittata)、铁线蕨(Adiantum cappillus veneris)、南天竺(Nandina domestica)、柏木(Cupressus funebris)等,都是典型的喜钙植物。

2. 喜酸植物

仅能生长在酸性或强酸性土壤中,且对 Ca^{2+} 和 HCO_3^- 非常敏感,不能耐受高浓度的溶解钙,这类植物称为喜酸植物(acid plant），又称嫌钙植物（calciphobous plant）。如水藓（*Sphagnum*）、铁芒萁（*Dicranopecris linearis*）、石松（*Lycopodium clavatum*）、茶树等，都是典型的喜酸植物。

3. 盐生植物

生长在盐土中并在器官内积聚了相当多盐分的植物，称为盐生植物。这类植物体内积累的盐分对其自身不仅无害，而且有益。如果将盐生植物移种到中性土壤中，它们对 Na^+ 和 Cl^- 的吸收仍然占优势。由此可见，它们在盐土中并非被动地吸收，而是主动的需要。如盐角草（*Salicornia nerbacea*）、细枝盐爪爪（*Kalidium gracile*）、海韭菜（*Triglochin maritimum*）等分布在我国内陆盐土地区的旱生盐土植物；又如南方碱蓬（*Suaeda australis*）、大米草（*Spartina anglica*）、秋茄树（*Kandelia candel*）、木榄（*Bruguiera conjugata*）等滨海湿生盐土植物。

4. 砂生植物

生活在以砂粒为基质砂土生境的植物称为砂生植物。这类植物在长期自然适应过程中，形成了抗风蚀沙割、耐沙埋、抗日灼、耐干旱贫瘠等一系列生态特征。例如沙鞭（*Psammochloa mongolica*）、砂引草（*Messerschmidia sibirica*）、黑沙蒿（*Artemisia ordosica*）等，具有在被沙埋没的茎干上长出不定芽和不定根的能力；沙柳（*Salix cheilophila*）（浅根系植物）、骆驼刺（深根系植物）等以它们庞大的根系最大限度地吸收水分，发达的根系同时可起到良好的固沙作用；还有些植物，如沙芦草（*Agropyron mongolicum*）、沙鞭等，其根的外部具有根套，以避免灼伤和机械损伤；有些砂生植物以"休眠"状态度过干旱季节，如木本猪毛菜（*Salsol arbuscula*）等；也有的植物利用极短暂雨季完成生活史，如一种短寿菊，只生活几周时间便已完成整个生活周期。

第3章　生态系统中的生物种群

在自然界中,任何生物都不可能以个体形式单独生存,它必然与同一种的许多个体生活在一起,构成一个相互依赖、相互制约的种群,以种群形式生存和繁衍,因而种群是物种存在的基本单位,具有自己独立的数量特征、空间特征和遗传特征。

由此可见,种群具备个体水平所没有的若干特征,种群生态学是研究种群与环境相互作用关系的科学。具体地说,就是研究种群内部各成员之间、种群与其他生物种群之间以及种群与周围非生物因素的相互作用规律,指导人们更好地管理、保护自然界的各个物种。本章我们将在群体水平上探讨生物与环境的关系。

3.1　种群及其特征

3.1.1　种群的概念

种群(population)是指同一种生物中占据特定空间和时间的,具有潜在杂交能力的个体集合群。也有人把种群称为"凡是占据某一地区的某个种的个体总和";"一个种群就是在某一特定时间占据某一特定空间的一群同种有机体"。

种群是构成群落的基本单位,任何一个种群在自然界都不能孤立存在,而是与其他物种的种群共同形成群落。物种、种群和群落之间的关系,可由表3-1列出的 A、B、C、D 4 个物种和 7 个群落来说明,每个物种有几个种群,分布在不同群落,每个群落中含有几个属于不同物种的种群。

表 3-1　物种、种群和群落之间的关系

物种	群落 1	群落 2	群落 3	群落 4	群落 5	群落 6	群落 7
物种 A	种群 A1	种群 A2	种群 A3			种群 A6	种群 A7
物种 B		种群 B2	种群 B3	种群 B4	种群 B5	种群 B6	种群 B7
物种 C	种群 C1		种群 C3	种群 C4			
物种 D	种群 D1		种群 D3		种群 D5		种群 D7

种群作为具体的研究对象可分为自然种群(如某一湖泊中的鲤鱼种群和秦岭山地的大熊猫种群等)、实验种群(如实验条件下人工饲养的果蝇种群和小白鼠种群)、单种种群(如以面粉饲养拟谷盗,以研究其种群数量动态)和混种种群(如把两种草履虫养在同一容器内,以研究种间竞争)。

种群生态学(population ecology)或称为种群生物学(population biology),是指以同种个体群为对象,研究其数量动态、分布、生活习性、特性分化及发生发展的一门学科。

3.1.2　种群的一般特征

1. 种群的大小和密度

严格来说,密度(density)和数目(number)是有区别的,在生态学中应用种群数量高、低和种群大、小时,有时虽然没有指明其面积或空间单位,但也必然将之隐含其中。否则没有空间单位的数量多少也就毫无意义了。因此,有以下种群大小、密度的数量单位:

种群的大小:一个种群所包含的个体数目的多少。

种群的密度:单位面积或容积内个体数目的多少。

种群粗密度:也称天然密度。指单位空间内的个体数目。

种群生态密度:也称特定密度或经济密度。指单位栖息空间

（即种群实际占据的空间）内的个体数目。

2.种群的性比

种群中雄性个体和雌性个体数目的比例称为种群的性比。在动物界一般是雌雄异体，而植物界大多是雌雄同株或同花，但也有很多经济植物或濒危植物是雌雄异株的。例如，沙棘是雌雄异株植物，决定产量的多少在于雌株的多少而并非雄株，然而雄株的花粉对沙棘果实有影响，因此，雄株的多少与格局也决定产量。

3.种群的年龄结构

种群的年龄结构是指各个年龄级的个体数在种群内的分布情况。因此，种群的年龄结构也称为年龄分布或年龄组成。它是种群的一个重要特征，既影响出生率，又影响死亡率。

我们将种群的年龄分为三个期：繁殖前期年龄、繁殖期年龄和繁殖后期年龄。这三个年龄阶段的相对长短在不同的种群中变化较大。

种群中各年龄级的个体数占种群个体总数的比例，叫作年龄比例；自下而上地按年龄级由小到大的顺序将各年龄级个体数或百分比用图形表示，就可得到年龄金字塔。从理论上讲，年龄金字塔通常有三种类型，如图 3-1 所示。

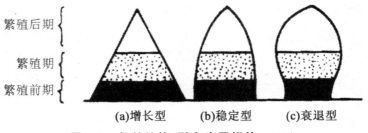

图 3-1　年龄结构（引自牛翠娟等，2007）

（1）增长型金字塔

具有一个宽阔的基部和狭窄的顶部，即该种群中有大量的幼年个体和少量的老年个体,反映出该种群比较年轻并且出生率远高于死亡率,因而种群数量处于增长或发展状态,如图 3-1(a)所示。

(2)稳定型金字塔

从基部到顶部具有缓慢变化或大体相似的年龄结构,即各个年龄个体数分布比较均匀,反映出该种群出生率与死亡率近似相等,因而种群数量处于相对稳定状态,如图 3-1(b)所示。

(3)衰退型金字塔

衰退型金字塔是一个基底狭窄而上部稍宽的金字塔,表明种群幼年个体少,而处于繁殖期的成年个体和繁殖后期的老年个体数量多。因此其出生率小于死亡率,种群数量趋于下降,属于衰退型种群,如图 3-1(c)所示。

4. 单体生物与构件生物

单体生物在统计时很好辨别,绝大多数动物是单体生物,而绝大多数植物是构件生物。单从地上的方式组成分析很难辨别,只能用基株与构件的方式来统计。基株由实生苗长成,在生理上是有联系的植物系统,为一个遗传和生理单位。也就是说,属同一个基株时,为同一套遗传基因,并且整个新陈代谢是相互连通的。构件指实生苗上的构件,遗传上和基株同享有一套基因,生理上和基株是紧密相连的。例如,枝、叶或出蘖生长的植物。当统计植物种群的数量时,有很多情况很难辨别单体数量,所以在统计时只好统计其基株与构件的乘积。

5. 出生率、死亡率和存活率

(1)出生率

出生率是一个广义的术语,它被用来描述任何生物种群产生新个体的能力或速率。不管这些新个体是"生产的""孵化的""出芽的""分裂的"或是其他方式出现的,都可用出生率这个术语来描述。设 ΔN 为种群新产生的个体数,Δt 为时间间隔,出生率

b 为

$$b = \frac{\Delta N}{\Delta t} \tag{3-1}$$

该出生率称为绝对出生率,是指单位时间内新个体增加的数目,若再除以初始种群的大小 N,即得到种群中每一个新个体的出生率。该出生率为专有出生率 B。

$$B = \frac{\Delta N}{N \cdot \Delta t} \tag{3-2}$$

B 是指单位时间内每个个体新产生的个体数。在种群研究中,常常区分最大出生率和实际出生率。最大出生率是指种群处于理想条件(即无任何生态因素的限制作用,生殖只受生理因素所限制)下的出生率;实际出生率(生态出生率)是指在特定环境条件下种群的出生率。

(2)死亡率

死亡率可以用单位时间内的死亡个体数表示:

$$Q = \frac{D_x}{\Delta t} \tag{3-3}$$

式中,Q 为一定的时间(单位)间隔内死亡的个体数;D_x 为死亡的个体总数;Δt 为时间间隔。

(3)存活率

存活率是与死亡率相联系的一个概念,用经过一定时间间隔后种群中存活的个体数 (N_{x+1}) 与开始时种群个体数 (N_x) 之比表示。它与死亡率的关系为

$$L_x = 1 - Q \tag{3-4}$$

式中,L_x 为存活率;Q 为死亡率。

6.种群的分布格局

一个种的个体与其所在的非生物环境和生物环境的相互关系,会影响到它们的空间配置状况,这种空间的配置可称为分布格局。换言之,种群内个体的分布格局反映出环境对个体生长的影响。通常可将种群的分布格局分为以下 3 种类型:均匀型、随

机型、成群型,如图 3-2 所示。

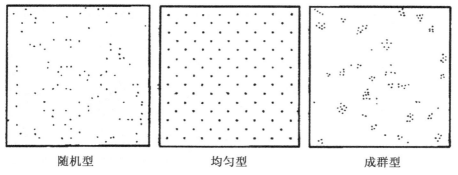

随机型　　　　　　　　均匀型　　　　　　　　成群型

图 3-2　种群的 3 种分布示意图

（1）随机分布

严格来说,随机分布种群内个体的随机型分布应当完全与机会相符合,或者说在空间每一点上个体出现都有等同的机会。一种接近理想状况的随机分布可以拿雨滴下落地面来做比喻,假如地面是平坦而均匀的,那么当雨滴洒落地面但尚未彼此相连而覆盖地表时,我们看到雨滴的分布是随机型的。很明显,这种情形在自然界并不常见,但也并非没有,当一批靠种子繁殖的植物首次侵入一块裸地时,常可形成随机分布,当然要求这块裸地上的环境比较均匀。在森林中,地面上的一些无脊椎动物,特别是蜘蛛,表现为随机分布;北美洲海岸潮间带有一种蚌蛤由于海潮冲刷也呈随机分布;面粉里的杂拟谷盗、田野里的蚜虫也属此类分布。随机分布符合泊松概率级数,即样方某种个体的数目是 0、1、2、3…n 个个体数的概率为

$$e^{-m}, me^{-m}, \frac{m^2}{2!}e^{-m}, \frac{m^3}{3!}e^{-m}, \cdots, \frac{m^n}{n!}e^{-m}$$

式中,n 为样方数总数;m 为每个样方某种个体的平均数;e 为自然对数的底数。

这样可以得到一个样方——出现 0、1、2、3…n 个个体的级数随机分布必须符合泊松级数,但是不能反过来说,符合泊松分布的现实数据就一定是随机分布,因为还有以下一些条件必须满

足：①所有样方被生物占据的机会必须是均等的，这在自然条件下通常是不易满足的；②全部生物个体都是互相独立的，它们没有竞争，也无互利，它们的密度对于所在的整个空间来说，少到不致发生竞争和互利的影响；③个体和样方的大小可以不同，但是个体在每个样方中出现的数目都必须符合泊松级数。

（2）均匀分布

均匀分布也称规则分布，指的是种群内各个个体之间保持均匀距离分布格局。人工栽植的株行距一定的群落是比较典型的均匀分布，在自然情况下，均匀分布很少见到。有时由于以下原因可引起均匀分布：①虫害；②种内竞争，在动物种群中的作用最明显；③优势种呈均匀分布而使其伴生生物也呈均匀分布；④地形或土壤物理性状（如土壤水分）的均匀分布也可使生物的分布格局成为均匀型的；⑤自毒现象。

英吉利海峡沿岸沙滩上的瓣鳃纲樱蛤是均匀分布的最好例子，但其原因还不清楚。均匀分布的数学模型符合正二项分布。

（3）成群分布

成群分布也称集中分布或高分布，个体的分布既不是随机的，也不是均匀的，而形成密集的斑块，在自然情况下，种群常呈集中分布，它是最广泛的一种分布方式。

7. 种群的迁入、迁出和迁移、迁徙

迁入（immigration）：种群中有些个体外部单方向地进入。

迁出（emigration）：种群中有些个体分离出去而不再归来的单方向地移除。

迁移（migration）：周期性地离开和返回称为迁移。迁移用于鱼类也叫洄游，用于鸟类和兽类也叫迁徙。迁移时动物往往集群行动，经过相同的路线，在一定时间到达一定地点。这类动物包括某些无脊椎动物如东亚飞蝗、蝴蝶，爬行类如海龟等，哺乳类如蝙蝠、鲸、海豹、鹿等。

动物的迁徙都是周期性的、定向的，而且大多集中成群地进行，也多发生在南北半球之间，极少数在东西方向之间。

8. 生命表

（1）生命表的基本概念

生命表是最清楚、最直接地展示种群死亡和存活过程的一览表，它是生态学家研究种群动态的有力工具。生命表最先应用在人口统计学（human demography）上，特别是人寿保险事业上。人口生命表着重于人体寿命的概率统计，即估计人口的生命期望（life expectancy）。因为人口的保险费取决于人口的生命期望，人寿保险公司便在生命表的生命期望（用 e_x 表示）一项中，列出那些进入某个年龄组的保险者的平均余生（指该年龄组的人平均还能活多少年），这样便能算出参加保险人的保险费用。

（2）生命表的一般构成

生命表是由许多行和列构成的表，第一列通常是表示年龄、年龄组或发育阶段（如卵、幼虫和蛹等），从低龄到高龄自上而下排列。其他各列分别记录着种群死亡或存活情况的观察数据或统计数据。生命表概括了一群个体接近同时出生到生活史结束的命运。这样一群个体称为一个同生群，对它的分析称为同生群的分析。生命表中列出不同生命阶段或不同年龄阶段存在的个体数量，计算每个年龄阶段的具体年龄存活率和具体年龄死亡率。表 3-2 是以一个假设的生命表来说明生命表的一般构成及各种符号的含义。

表 3-2　藤壶的生命表

年龄 （x）	存活数 （n_x）	存活率 （l_x）	死亡数 （d_x）	死亡率 （q_x）	L_x	T_x	生命期望 （e_x）
0	142.0	1.000	80.0	0.563	102.00	224.00	1.58
1	62.0	0.437	28.0	0.452	48.00	122.00	1.97

续表

年龄 (x)	存活数 (n_x)	存活率 (l_x)	死亡数 (d_x)	死亡率 (q_x)	L_x	T_x	生命期望 (e_x)
2	34.0	0.239	14.0	0.412	27.00	74.00	2.18
3	20.0	0.141	4.5	0.225	17.75	47.00	2.35
4	15.5	0.109	4.5	0.290	13.25	29.25	1.89
5	11.0	0.077	4.5	0.409	8.75	16.00	1.45
6	6.5	0.046	4.5	0.692	4.25	7.25	1.12
7	2.0	0.014	0.0	0.000	2.00	3.00	1.50
8	2.0	0.014	2.0	1.000	1.00	1.00	0.50
9	0.0	0.000	—	—	0.00	0.00	—

资料来源:Krebs,1978。

表 3-2 中各种符号的含义和计算方法如下:x 为年龄、年龄组或发育阶段;n_x 为各年龄阶段开始时的存活数目;l_x 为年龄组开始时的存活个体百分率,其值等于 n_x/n_1;d_x 为从 x 阶段到 $x+1$ 阶段的死亡数目;q_x 为死亡率,其值等于 d_x/n_x;L_x 为每年龄期的平均存活数目,其值等于 $(n_x + n_{x+1})/2$;T_x 为种群个体期望寿命总和,其值等于生命表中的各个 L_x 的值自下而上累加而得,即:

$$T_x = \sum_x^\infty L_x \tag{3-5}$$

e_x 为本年龄阶段开始时存活个体的平均生命期望,其值等于 T_x/n_x。

(3)图群生命表

图 3-3 是一个理想的高等植物图解生命表,图中的长方形框分别代表各发育阶段(种子、实生苗和成株)的起始数量。在 $t+1$ 时刻的成年植株(或 N_{t+1})有两个来源:一个是来自 t 时刻存活数,存活率用 p 来代表;另一个是来自出生,出生包括种子的生产、种子的萌发和实生苗的存活等过程。每株植物平均生产的种子数(即种群的平均生育力)用 F 代表,在菱形框图内。因此,种子的总产量是 $N_t \cdot F$。种子的平均萌发率用 g 来代表,放入三角

形框图内。因此实生苗的数量就等于 $N_t \cdot g \cdot F$。最后一个过程是实生苗发育成为独立进行光合作用的成年植株，其存活率用 e 来代表，所以种群的出生总数就等于 $N_t \cdot g \cdot F \cdot e$。可见种群在 $t+1$ 时刻的数量为 $(N_t \cdot g \cdot F \cdot e)+(N_t \cdot p)$。表达方程式为：

$$N_{t+1}=(N_t \cdot g \cdot F \cdot e)+(N_t \cdot p)。$$

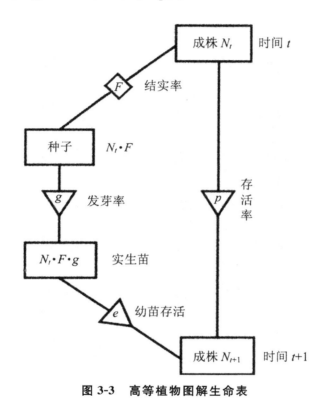

图 3-3　高等植物图解生命表

以上方程式为理想条件时的表达，没有将迁入和迁出计算在内；此外，该方程式所使用的出生概念实际上是本来意义上的出生与出生后存活率乘积。同理，可以用图解和方程式表达其他种类生物的生命表，如图 3-4 所示。

9. 种群内禀增长率

种群的实际增长率称为自然增长率，用 r 表示，它由出生率和死亡率相减来计算。实践中，r 按以下公式计算：

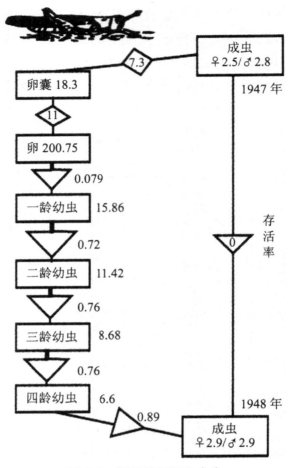

图 3-4　邹蝗的图解生命表

$$r = \ln R_0 / T \qquad (3-6)$$

式中，R_0 为世代净繁殖率；T 为世代时间（generation time），指种群的子代出生到产子的平均时间，即

$$T = \sum x l_x m_x / \sum l_x m_x \qquad (3-7)$$

式中，m_x 为每雌产雌率。

具有稳定年龄结构的种群，在食物不受限制、同种其他个体的密度维持在最适水平、环境中没有天敌，并在某一特定的温度、湿度、光照和食物等环境条件组配下，种群的最大瞬时增长率，称为内禀增长率（innate rate of increase），用 r_m 表示。

$$r_\mathrm{m} = \ln R_0 / T \qquad (3\text{-}8)$$

现以杂拟谷盗试验种群生命表的数据(表 3-3),计算该虫的内禀增长能力。

表 3-3　杂拟谷盗试验种群生命表的数据

年龄组 (d)	代表性 年龄(x)	存活率 (l_x)	每雌产雌 率(m_x)	$l_x m_x$	$x l_x m_x$
0	1.5	1.000	0		
3	4.5	0.940	0		
6	7.5	0.890	0	未成熟期 (卵、幼虫、蛹期)	
…					
…					
33～36	34.5	0.768	—		
36～39	37.5	0.768	—		
39～42	40.5	0.768	0.238	0.1828	7.4034
42～45	43.5	0.768	1.062	0.8158	35.4768
45～48	46.5	0.768	13.906	10.6798	496.6107
48～51	49.5	0.768	17.469	13.4162	664.1019
51～54	52.5	0.768	19.438	14.9284	783.7410
54～57	55.5	0.768	20.188	15.5044	860.4942
57～60	58.5	0.768	19.188	14.7364	862.2079
60～63	61.5	0.768	19.344	14.8562	913.6563
63～66	64.5	0.768	21.438	16.4644	1061.9538
66～69	67.5	0.768	20.438	15.6944	1059.5070
69～72	70.5	0.750	18.812	14.1090	994.6845
72～75	73.5	0.733	17.094	12.5299	920.9476
75～78	76.5	0.730	17.125	12.5012	956.3418
78～81	79.5	0.730	17.531	12.7976	1017.4092

年龄组 （d）	代表性 年龄（x）	存活率 （l_x）	每雌产雌 率（m_x）	$l_x m_x$	$x l_x m_x$
81～84	82.5	0.730	18.250	13.3225	1099.1062
84～87	85.5	0.730	16.750	12.2275	1045.4812
87～90	88.5	0.730	15.607	11.3931	1008.2894
90～93	91.5	0.730	14.500	10.5850	968.5275
93～96	94.5	0.730	14.072	10.2725	970.7512
96～99	97.5	0.730	13.214	9.6462	940.5045
99～102	100.5	0.730	13.428	9.8024	985.1412
102～105	103.5	0.730	12.000	8.7600	906.6600
105～108	106.5	0.730	11.786	8.6038	916.3047
108～111	109.5	0.730	11.286	8.2388	902.1486
111～114	112.5	0.730	9.50	6.9350	780.1876
总计	—	—	$R_0 = \sum l_x m_x$	279.005	21157.6099

资料来源：林昌善，1964。

杂拟谷盗内禀增长能力计算：

$$R_0 = \sum l_x m_x = 279.0051$$

$$T = \sum x l_x m_x / R_0 = 21157.6099/279.0051$$

$$= 75.8323$$

$$r_m = \ln R_0 / T$$

$$= 5.6312/75.8323 \mathrm{d}^{-1}$$

$$= 0.07426 \mathrm{d}^{-1}$$

即杂拟谷盗种群平均每日每雌增加 0.07426 个雌体，若将 r_m 转化为周限增长率 λ，则

$$\lambda = \mathrm{e}^{r_m} = \mathrm{e}^{0.07426} \mathrm{d}^{-1}$$

$$= 1.077 \mathrm{d}^{-1}$$

这意味着种群以每天 1.077 倍的速率增长。

3.2 种群增长模型

3.2.1 与密度无关的种群增长模型

出生率、死亡率、年龄结构和性比等是种群统计学的重要特征,它们决定着种群的动态。但是每一个单独的特征都不能说明种群的整体动态问题。现在讨论一下种群整体在理想条件下的动态。

1.离散增长

假定:①各世代不重叠;②增长无边界;③没有迁入与迁出;④不具年龄结构。最简单的单种种群的数学模型,通常是把世代 $t+1$ 的种群数量 N_{t+1} 与世代 t 的种群数量 N_t 联系起来的差分方程:

$$N_{t+1} = N_t \cdot \lambda \qquad (3-9)$$

或

$$N_t = N_0 \cdot \lambda^t \qquad (3-10)$$

式中,N 为种群大小;t 为时间;λ 为种群的周限增长率,即单位时间里种群的增长倍数。

例如,一年生植物(即世代间隔为一年)种群,开始时有 10 个个体,到第二年成为 200 个,也就是说,$N_0 = 10$,$N_1 = 200$,即一年增长 20 倍。下面以 λ 代表种群两个世代的比率:

$$\lambda = \frac{N_1}{N_0} = 20$$

如果种群在无限环境下以这个速率年复一年地增长,即:

$$N_0 = 10$$

$$N_1 = N_0 \cdot \lambda = 10 \times 20^1 = 200$$

$$N_2 = N_1 \cdot \lambda = 10 \times 20^2 = 4000$$

$$N_3 = N_2 \cdot \lambda = 10 \times 20^3 = 80000$$

$$\cdots\cdots$$

将方程式 $N_t = N_0 \cdot \lambda^t$ 两侧取常用对数,即:

$$\lg N_t = \lg N_0 + t \lg \lambda \tag{3-11}$$

它具有直线方程式 $y = a + bx$ 的形式。因此,以 $\lg N_t$ 对 t 作图,就能得到一条直线,其中 $\lg N_0$ 是截距,$\lg \lambda$ 是斜率。λ 是种群离散增长模型中的重要参数,其大小决定种群的增长。

$\lambda > 1$,种群上升。

$\lambda = 1$,种群稳定。

$0 < \lambda < 1$,种群下降。

$\lambda = 0$,雌体没有繁殖,种群在一代中灭亡。

2.连续增长

在世代重叠的情况下,种群以连续的方式变化,这种系统的动态研究,涉及微分方程。把种群变化率 dN/dt 与任何时间的种群大小 N_t 联系起来,最简单的情况是有一恒定的每员增长率 r,它与密度无关,即在理想条件下的内禀增长率或瞬时增长率。则:

$$\frac{dN}{dt} = rN \tag{3-12}$$

将以上微分方程转为积分形式:

$$N_t = N_0 \cdot e^{rt} \tag{3-13}$$

式中,r 为每员恒定瞬时增长率;N_0 为初始种群大小。

例如,初始种群 $N_0 = 100$,r 为 $0.5/(♀ \cdot 年)$,则以后的种群数量为

t(年限)	N_t
0	100
1	$100 \cdot e^{0.5} = 165$
2	$100 \cdot e^{1.0} = 272$
3	$100 \cdot e^{1.5} = 448$
$\cdots\cdots$	

　　以种群大小 N_t 对时间 t 作图,说明种群增长线呈"J"字形,但如以 $\lg N_t$ 对 t 作图,则变为直线,如图 3-5 所示。

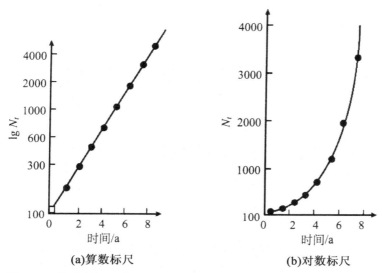

(a)算数标尺　　　　　　　　　　　(b)对数标尺

图 3-5　种群增长示意图(假定 $N_0 = 100, r = 0.5$)(仿 Krebs,1978)

　　r 是一种瞬时增长率(instantaneous rate of increase),很像复利增长过程。

　　$r > 0$,种群上升。

　　$r = 0$,种群稳定。

　　$r < 0$,种群下降。

3. 瞬时增长率(r)与周限增长率(λ)的关系

　　周限增长率具有开始和结束时间,它表示种群大小在开始和结束时的比率,好像存款数和一年后的本利之比。当把周限从一年、一个月、一日……逐步缩小到最小一瞬间时,那么本利将连续不间断地增长,周限增长率就转化为瞬间增长率。λ 与 r 可以相互转换,其关系式如下:

$$r = \ln\lambda \tag{3-14}$$

或

$$\lambda = e^r \tag{3-15}$$

证明

$$\because N_t = N_0 \cdot e^{rt}$$

即
$$\frac{N_t}{N_0} = e^{rt}$$

又
$$\because \lambda = \frac{N_1}{N_0}$$

如果
$$t = 1$$

则
$$\lambda = \frac{N_t}{N_0} = \frac{N_1}{N_0} = e^{rt} = e^{r \cdot 1}$$

或
$$r = \ln\lambda$$

3.2.2 与密度有关的种群增长

1. 连续增长模型(逻辑增长模型)

具有密度效应的种群连续增长模型比无密度效应的模型增加了两点新的考虑:①有一个环境容纳量(通常以 K 表示),当 $N_t = K$ 时,种群为零增长,即 $dN/dt = 0$;②增长率随密度上升而降低的变化,也是按比例的。最简单的是每增加一个个体,就产生 $1/K$ 的抑制影响。按此两点假定,种群增长将不再是"J"字形,而是"S"形。"S"形曲线同样有两个特点:①曲线渐近于 K 值,即平衡密度;②曲线上升是平滑的。

产生"S"形曲线的最简单数学模型是在前述指数增长方程($dN/dt = rN$)上增加一个新的项($1 - N/K$),得:

$$\frac{dN}{dt} = rN\left(1 - \frac{N}{K}\right) = rN\left(\frac{K - N}{K}\right) \tag{3-16}$$

式中,N 为种群个体数目;r 为瞬间增长率;K 为环境容纳量。

上述微分方程是 1838 年由 Verhurst 首次提出的,命名为 logistic(逻辑斯谛)方程。逻辑斯谛方程和无限环境中种群的指数增长微分方程相比,增加了修正项 $(K - N)/K$,也称为剩余空间(residual space)或增长力可实现程度。$(K - N)/K$ 也是逻辑斯谛系数,它的生物学含义是随着种群数量的增大,最大环境容纳量当中种群尚未利用的剩余空间,实际上也是环境压力的度量。当

（$K-N$）＞0 时，种群增长；当（$K-N$）＜0 时，种群个体数目减少；当（$K-N$）＝0 时，种群大小基本处于稳定的平衡状态。可见，逻辑斯谛系数对种群数量变化有一种制动作用，使种群数量总是趋向于环境容纳量，形成一种"S"形的增长曲线。

三个变量即个体数 N、环境阻力（$K-N$）/K 和瞬间增长率 r 之间存在着调节反馈的效应。因而，在自然界可以发现，种群数量的变化经常在 K 值上下波动，这种波动称为种群大小的周期性波动。逻辑斯谛增长模型的含义为：

种群的瞬时增长率＝种群的最大可能增长×最大可能增长的实现程度

逻辑斯谛曲线是一条向环境容纳量 K（或叫上渐近线）逼近的"S"形增长曲线，如图 3-6 所示。

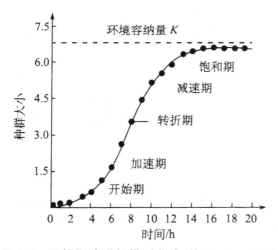

图 3-6　逻辑斯谛增长模型曲线（仿 Varley，1973）

图 3-7 的阴影部分表示逻辑增长与指数增长的差距。高斯（Gause）称这个差距为环境阻力，它是拥挤效应的一个测度，环境阻力随种群数量增长而加大。

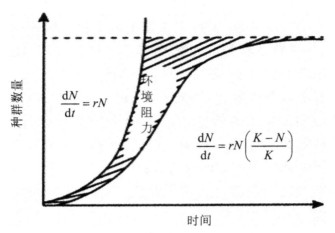

图 3-7　环境阻力示意图（仿 Bcughey，1968）

2.逻辑斯谛曲线的性质

①当 $N_0 > K$ 时,环境阻力 $C = (K - N_0)/N_0 < 0$,种群数量曲线随时间变量的增加而递减。当 $N_0 < K$ 时,$C > 0$,曲线递增。

②当 t 趋近于 ∞ 时,$N(t)$ 以 K 为极限,即 $N = K$ 为逻辑斯谛曲线的渐近线。$N = K$ 表示随着时间的增加,种群逐渐接近一个无振荡的稳定值 K,K 表示环境对种群的最大负荷量,我们称为大小为 K 的种群为饱和种群。

③曲线只在 $t \to 0$,$N_t \to N_0$。

④当 $N_0 < K/2$ 或 $N_0 > K$ 时,曲线是凹的,当 $0 < N < K/2$ 时,种群的增长速度越来越大,为种群的正加速期;当 $N > K$ 时,种群数量逐渐减少,但减少的速度越来越慢,最终种群逐渐接近一个无振荡的稳定值 K。当 $K/2 < N < K$ 时,曲线是凸的,这时虽然种群仍在增加,但增加的速度越来越慢,是种群负加速期,当 $N = K/2$ 时,曲线呈现拐点,种群的增加速度在这一点达到最大,为 $rK/4$。

⑤正加速期时间的长度:假设 $N_0 < K/2$,所谓正加速期时间的长度是指种群从 N_0 增加到 $N = K/2$ 所需时间的长度,令 $N(t)$

= $K/2$，推得：

$$t_1 = \frac{1}{r}\ln\frac{K - N_0}{N_0} = \ln\sqrt[r]{(K - N_0)/N_0}$$

这就是正加速期的长度。负加速期的长度是无限的，起点是 t_1。

3.3　种群进化

3.3.1　进化对策

进化对策或生态选择，指生物体对于其所处生存环境条件的不同适应方式。凡是那些能够以其繁殖和生存的进程来最大限度地适应所处的环境的个体，都有利于进化。这种生殖和生存的进程就代表物种的"生活史对策"或称"生态对策"，从而把种的生活史提到种群适应策略的高度。

3.3.2　进化对策的类型及其特征

1954 年，英国鸟类学家 Lack 在研究鸟类生殖率进化问题时发现，每一种鸟的产卵数，都有保证其幼鸟存活率最大的倾向。成体大小相似的物种，倘若产小卵，其生育率就高，但可利用的资源有限，高生育率的高能量消费必然降低对保护和关怀幼鸟的投资。也就是说，在进化过程中，动物面临两种相反的选择：一种是低生育率，但是亲鸟有良好的育幼行为；另一种是高生育率，但是亲体关怀较少。

1. k-对策者

k-对策者出生率低，寿命长，个体大，具有较完善的保护后代的机制，子代死亡率低，栖息生境稳定，不具有较强的扩散能力；

它们的进化方向是使种群保持在平均密度上下；种间竞争力强。这种对策的优点是：它能使种群比较稳定地保持在环境容纳量 K 值附近，但不超过 K 值。低出生率和长寿，再加上亲代抚育或植物在繁殖上做大量的投资，使死亡减少，从而弥补了低出生率。这使 k-对策者能更有效地利用能量资源。当该种群遭受死亡或扰乱时，可通过改变出生率来使种群迅速恢复平衡水平。但是当种群密度下降到一定（平衡）水平以下，则不大可能迅速恢复，甚至可能灭绝。

2. r-对策者

r-对策者出生率高，寿命短，个体小，常常缺乏保护后代的机制，子代死亡率高，栖息生境多变而不稳定，具有较大的扩散和迁移能力。它们的进化方向是使种群形成高 r 值，以此维持种群的平衡。这种生态对策的优点是，在不稳定的生境条件下，即使种群数量猛然下降，密度很低时，仍能通过较大的扩散和迁移能力，离开恶化的生境，侵占新生境。

比较狮、虎等大型兽类与小型啮齿类的进化对策特征，就可清楚地看到这两类进化对策的主要区别在于：在进化过程中，r-对策者是以提高增殖能力和扩散能力取得生存，而 k-对策者以提高竞争能力获得优胜。鸟类、昆虫、鱼类和植物中，都有很多 r 选择、k 选择的报道。从极端的 r-对策者到极端的 k-对策者之间，有很多过渡的类型，有的更接近 r-对策，有的更接近 k-对策，这是一个连续的谱系，可称为 r-k 连续体（r-k continuum）。

3. 两种概念的区分

因此，可以说在生存竞争中，k-对策者是以"质"取胜，而 r-对策者是以"量"取胜；k-对策者将大部分能量用于提高存活率，而 r-对策者则是将大部分能量用于繁殖。在大分类单元中，大部分昆虫和一年生植物可以看作是 r-对策者。昆虫的快速进化是在二叠纪和三叠纪，当时的气候条件是非常多变的。大部分脊椎动物

和乔木可以看作是 k-对策者。脊椎动物进化过程中的盛发期是侏罗纪、下白垩纪、始新世和渐新世,正是温暖潮湿气候的稳定地质期,如图 3-8 所示。在同一分类单元中,同样可做生态对策比较,如哺乳动物中的啮齿类大部分是 r-对策者,而象、虎、熊猫则是 k-对策者。

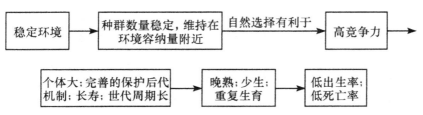

图 3-8　在 k 选择环境中,k-对策者有关生物学特征的因果关系链

　　r-对策者和 k-对策者具有不同的生物学特征,因此它们的种群增长曲线也有差别,如图 3-9 所示。图中 45°的对角虚线,表示 $N_{t+1}/N_t = 1$,种群数量处于平衡状态;对角线上方表示种群增长;下方表示种群下降。在增长线上,r-对策者和 k-对策者都有一个平衡点 S,种群数量的变化都趋向于平衡点,但 r-对策者的数量变化幅度较大。对于 k-对策者,其种群增长曲线上还有一个灭绝点 X。当 k-对策者的种群数量大于灭绝点时,则种群增长;如果低于灭绝点,种群就会灭绝。

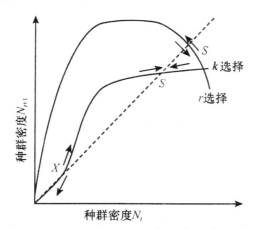

图 3-9　r-对策者和 k-对策者的种群增长曲线

r-对策者和 k-对策者是 r-k 对策连续系统的两个极端。除了一些例外以外,大部分生物都能适合于 r-k 对策连续系统的某一位置。r 选择和 k 选择理论在生产实际具有重要的指导意义。

3.4 种内与种间关系

3.4.1 种群相互关系分类

种群的相互关系分为种内相互作用和种间相互作用两种。种内相互作用有竞争(competition)、自相残杀(cannibalism)、性别关系、领域性和社会等级;种间相互作用有竞争、捕食(predation)、寄生(parasitism)、互利共生(mutualism),其中又有拟寄生(parasitoidism)和重寄生,如表 3-4 所示。

表 3-4　种内与种间关系的分类

种内或种间关系描述	种间相互作用(种间的)	同种个体间相互作用(种内的)
利用同样有限资源,导致适合度降低	竞争	竞争
摄食另一个体的全部或部分	捕食	自相残杀
个体紧密关联生活,具有互惠利益	互利共生	利他主义或互利共生
个体紧密关联生活,宿主付出代价	寄生	寄生*

注:*种内寄生相对稀少,可能与互利共生难以区别,特别在个体相互关联的情况下。

两个种群可以相互影响,也可以互不相扰,如果相互影响,这种影响可以是有利的,也可以是有害的。可以用一个加号(+)表示有利,用一个减号(一)表示有害,用一个零号(0)表示无利也无害。两个种群如果互不影响,则用(0,0)表示;如果互相有利,则用(十,十)表示;如果互相有害,则用(一,一)表示;如果对一方有利而对另一方有害,则用(十,一)表示;如果对一方有害而对另一方无利也无害,则用(一,0)表示;如果对一方有利而对另一方无利也无害,则用(十,0)表示,如表 3-5 所示。

表 3-5　相互关系类型的表示

关系类型	物种		关系的特点
	A	**B**	
竞争	一	一	彼此互相抑制
捕食	十	一	种群 A 杀死或吃掉种群 B 中的一些个体
寄生和贝茨拟态	十	一	种群 A 寄生于种群 B 并有害于种群 B
中性	0	0	彼此互不影响
共生	十	十	彼此互相有利,专性
互惠(原始合作)和缪勒拟态	十	十	彼此相互有利,兼性
偏利	十	0	对种群 A 有利,对种群 B 无利也无害
偏害	一	0	对种群 A 有害,对种群 B 无利也无害

3.4.2　种内关系

动物种群和植物种群内个体间的相互关系表现有很大的区别。动物具有活动能力,个体间的相容或不相容关系主要表现在领域性、等级制、集群和分散等行为上;而植物除了有集群生长的特征外,更主要的是个体间的密度效应,反映在个体产量和死亡率上。本节将首先介绍植物的密度效应与生长可塑性,全节贯穿进化生态学的思想,简述各种种内相互作用的产生及其决定的环境因素。

1. 种内关系中的集群、领域、社会等级、他感和协同进化

（1）集群

集群（aggregation，colony）是指同一种生物的不同个体在一定时期内生活在一起而形成的群体。根据群体持续时间的长短，分为临时性集群和永久性集群两种类型。迁徙性集群、繁殖集群、取食集群和栖息集群是临时性集群，而社会动物（蜜蜂、白蚁）是永久性集群。引起集群的原因有：对栖息地的食物、光照、温度、水等生态因子的共同需要；对昼夜天气或季节气候的共同反应。繁殖的结果、被动运送的结果、个体之间社会吸引力相互吸引的结果等，也会引起生物的集群。

根据生物群体形成的原因，可将动物群体分为集会（aggregation 或 collection）和社会（society）两大类。集会是同种个体为了寻找同样的生境而引起的；社会群体的形成不是由于环境的偶然因素所引起的，而是靠相互吸引力形成的。社会群体可分为开放性群体和封闭性群体两种，开放性群体之间的个体可相互交换，封闭性群体则难以进行成员交换。

同一种动物在一起生活所产生的有利作用，称为集群效应（grouping effect）。它有利于提高捕食效率，有利于共同防御敌害，有利于改变小生境，有利于提高学习效率，有利于促进繁殖。

（2）群聚和阿利氏规律

种群内部或迟或早会形成不同程度的群，这类群是个体群集的结果。对某一特定种群而言，群聚的程度取决于种的生境特点、天气和其他物理条件、种的生殖类型特点和社会性程度。群聚可能会增加个体间的竞争。在不利的时期或受到其他生物进攻时，群中个体比单独个体死亡率低，这是因为群聚时，暴露于环境的相对表面面积较小，群能更好地改变微气候和小生境条件。群聚有利于种群的最适增长和存活，群聚的程度，像密度一样，随种类和条件而变化。因此，过疏（或缺乏聚群）和过密一样都可能有限制影响，这就是阿利氏规律。图 3-10 说明，种群总是避免过

分分散和过分拥挤,使种群内个体能获得最佳的生活和生存条件。

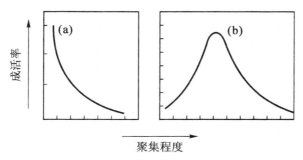

图 3-10　种群群聚程度与存活关系(引自骆世明等,1987)

(3)领域

脊椎动物和高等无脊椎动物的个体、配偶或家族群,通常将它们的活动局限于一定的面积中,称为巢区(home range)。如果这块地方受到积极保护,就称为领域(territory)。具有复杂的生殖行为,包括营巢、产卵、保护和抚育亲代的脊椎动物及某些节肢动物,领域性(territoriality)表现得最明显,它是保持个体或群之间间隔的积极机制。这种隔离可减少竞争,防止密度过高或过分消耗食物资源(或营养物质)、水和日光。换言之,领域性使种群得到调节,保持在比饱和还要低的水平。美国昆虫学家为了测定红火蚁的领地边界,在野外放射线状放置诱饵,然后用蓝色、黑色两种红火蚁做试验,通过标志两种红火蚁打斗和觅食的地点,最后确定了黑色红火蚁领地的边界,如图 3-11 所示。

(4)社会等级

蜜蜂、白蚁等社会性昆虫群体内的个体不是个体集合或聚居,而是各个个体紧密联系,形成完整的统一体。各个品级有严密的组织和分工,各司其职。在同一群体内有不同的品级分化,不同的品级在群体中所处的地位不同,分工也不同。在白蚁群体中,有生殖品级和非生殖品级两大类。生殖品级即蚁后,最显著的形态特点是生殖腺发育完善且极发达,腹部特别膨大,主要起交配产卵、繁殖后代的功能。非生殖品级包括工蚁和兵蚁,工蚁承担了群体内除了生殖以外的几乎一切事务,如筑巢、修路、觅食、培养真菌、喂哺蚁王和蚁后及兵蚁、抚育幼蚁、孵化幼蚁等。兵蚁头部特化明显,口器特化成防卫武器,兵蚁对整个群体起保卫作用,当群体受惊扰时,兵蚁大量集中于出事地点,以其坚硬的上颚与入侵者格斗,用分泌的有毒化学物质攻击消灭来犯外敌。由于兵蚁口器特化成防卫武器,因此它自身不能取食,必须由工蚁喂食才能生存。

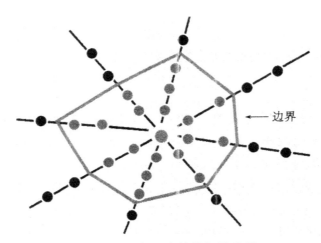

图 3-11　黑色红火蚁的领地边界

（5）他感作用

一种植物通过向体外分泌代谢过程中的化学物质,而对其他植物产生直接或间接影响,称为他感作用（allelopathy）,也称为异株克生。对克生物质的提取、分离和鉴定已做了大量工作,其主要是酚类物质,如羟基苯甲酸、香草酸。他感作用具有重要的生态学意义。

（6）协同进化

许多物种之间是一种相互作用、相互影响的关系,主要表现为一种物种的性状作为对另一物种性状的反应而进化,而后一物种的这一性状本身又作为前一物种性状的反应而进化,这种方式的进化称为协同进化（coevolution）,包括种间竞争的协同进化、捕食者猎物的协同进化、互利共生的协同进化。

2. 最后产量衡值法则(law of constant final yield)

密度效应是指在一定时间内,当种群的个体数目增加时,就必定会出现邻接个体之间的互相影响,称为密度效应。密度增加的压力,在动物内部引起的变化主要是对动物个体的影响,引起种群出生率、死亡率的变化;而对植物的压力除了存在于植物种群内邻接个体间的影响,还有对个体上各构件如叶、枝、花、细根的影响,以至于生死变化。

Donald 按不同播种密度种植车轴草(Trifolium subterrane-us),并不断观察其产量,结果发现,虽然第 62 天后的产量与密度呈正相关,但到最后的 181 天,产量与密度变成无关的,即在很大播种密度范围内,其最终产量是相等的。以模型描述:

$$C = W \cdot d \tag{3-17}$$

式中,C 为总产量;W 为平均每株重量;d 为密度(植株数)。

"最后产量衡值法则"的原因是不难理解的,在高密度(或者说,植株间距小、彼此靠近)情况下,植株彼此之间光、水、营养物竞争激烈,在有限的资源中,植株的生长率降低,个体变小(包括其中构件数少)。即:

$$W = \frac{C}{d} \tag{3-18}$$

$$\lg W = \lg C - \lg d \tag{3-19}$$

$$\lg W = (-1)\lg d + \lg C \tag{3-20}$$

式(3-19)的回归率为−1。

密度对禾谷类作物营养部分与生殖部分的影响,以及对二者互相关系的影响,实际上也就是对禾谷类作物的生物量与经济产量以及二者关系的影响,即农业上合理密植的理论基础。

植物种群密度对产量的影响,在农学与林学方面做了大量的研究工作。试验表明:当种群的密度超过 K 值时,则种群数大小与产量的关系往往表现为:在一定条件(管理合理、充分生长)下,尽管各田密度不同,秆数有别,而最后产量却相近。主要是由于植物个体上的构件数量或重量减少,而形成植物个体上构件数量或重量水平的自疏现象。

White(1980)图解了密度对植物影响的过程,如图 3-12 所示,以横坐标表示各样方播种种子数量的对数,纵坐标表示不同时间 t 的植物平均每株重量的对数。

在种群的密度(对数)值较低的情况下,植物平均每株重量(对数)值的线性回归率为 -1,即自疏线为 -1;如果播种密度进一步提高,其线性回归率就不为 -1,而是 $-3/2$。

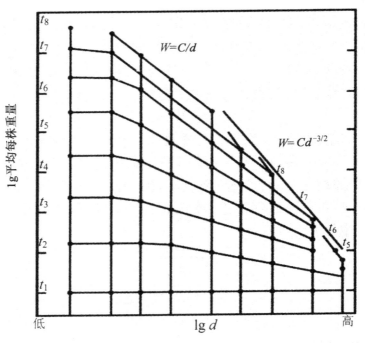

图 3-12　在不同播种密度上黑麦草的存活植株平均重量与株数间的关系
("最终产量衡值法则"和"$-3/2$ 自疏定律"的图解;仿 Ehrlich,1987)

3. $-3/2$ 自疏定律

在植物群体内,随着播种密度的提高,种内竞争不仅影响植株的生长发育,而且影响植株的存活率。在年龄相同的固着性动物群体中,竞争个体不能逃避,少量较大的个体存活下来。上述过程称为自疏（self－thining），在双对数图上具有典型的－3/2 斜率，故称为 Yoda 氏－3/2 自疏法则。例如，在黑麦草等多种植物的密度试验中证实了"自疏线"，其斜率为－3/2。即：

$$W = Cd^{-3/2} \tag{3-21}$$

$$\lg W = (-3/2)\lg d + \lg C \tag{3-22}$$

White 等（1980）曾罗列了 80 种植物，包括藓类、草本和木本，小至单细胞藻类，大至北美红杉都具有－3/2 自疏现象。事实上"最终产量衡值法则"和"－3/2 自疏定律"都是经验法则。

3.4.3　种间关系

从理论上讲，生物种间关系的形式很多。有的是对抗型的，一个种的个体直接或间接杀死另一个种的个体；有的是互助互利型的，两个种彼此作为对方的生存条件。这两个极端之间，还有多种其他形式。

但总的来讲，可以概括为两大类，即正相互作用与负相互作用。在生态系统的发育与进化中，正相互作用趋向于促进或增加，从而加强两个作用种的存活，而负相互作用趋向于抑制或减少。

种间关系包括竞争、捕食、互利共生等。竞争是个体间利用有限资源的一种相互作用，出现在种与种之间为共有的资源而进行的竞争是种间竞争（interspecific competition），出现在种内个体之间为共有的资源而进行的竞争是种内竞争（intraspecific inter-action）。

1.种间竞争

种间竞争是指两种或更多种生物共同利用同一资源而产生的相互竞争作用。种间竞争的生态学研究工作很多，几乎涉及每一类生物。

竞争有两种类型：一种竞争类型是干扰竞争（interference

competition 或 contest competition），即一种动物借助行为排斥另一种动物使其得不到资源，最明显的是打斗，或产生毒素，如植物产生的一些抑制性物质；另一种竞争类型是资源利用竞争（exploitive competition 或 scramble competition），即一个物种通过消耗短缺的资源，间接对第二个物种产生影响，但两个物种并不发生直接接触。以下为资源利用竞争的实例。为了研究蚂蚁和啮齿动物在种子利用上的竞争关系，在亚利桑那（Arizone）沙漠中建立了 3 个观察试验区，如表 3-6 所示。在对照区内，蚂蚁和啮齿动物共存；在第二区内，将啮齿动物全部捕获并移走，建起栅栏防止啮齿动物进入；在第三区内，用杀虫剂将蚂蚁全部清除。结果显示，在无啮齿动物的试验区内，蚂蚁群由对照区的 318 群增加到 543 群；在无蚂蚁的试验区内，啮齿动物的数量由对照区的 122 只增加到了 144 只。显然，啮齿动物的存在减少了蚂蚁群的数量，而蚂蚁的存在也降低了啮齿动物的密度。

表 3-6　对照区和处理区蚂蚁及啮齿动物的数量

物种	对照区	第二区（移走啮齿动物）	第三区（移走蚂蚁）
蚂蚁群体	318	543	—
啮齿动物	122	—	144

（1）种间竞争的典型实例

1）高斯（Gause）试验

高斯以三种草履虫作为相互竞争对手，以细菌或酵母作为食物，进行竞争试验研究时，发现三种草履虫在单独培养时都表现出典型的"S"形增长曲线。当把大草履（*Paramecium caudatum*）和双核小草履虫（*P. aurelia*）一起混合培养时，虽然在初期两种草质虫都有增长，但由于双核小草履虫增长快，最后排挤了大草履虫的生存，双核小草履虫在竞争中获胜。相反，当把双核小草履虫和袋状履虫（*P. bursaria*）放在一起培养时，形成了两种共存的结局。共存中两种草履虫的密度都低于单独培养，所以这是一种竞争中的共存。仔细观察发现,双核小草履虫多生活于培养试管中、上部,主要以细菌为食,而袋状草履虫生活于底部,以酵母为食。这说明两个竞争种间出现了食性与栖息环境的分化。

2)Tilman 的硅藻试验

Tilman 等(1981)进行了两种硅藻对硅酸盐的竞争试验,他们发现,硅藻生长需要有硅酸盐作为其细胞壁的原料。当两种硅藻分别单独培养时,都能增长到环境容纳量,而硅则保持在一定低浓度水平上(在试验中定期加硅于培养液中)。但两种硅藻在消耗硅资源上有区别,针杆藻(Asterionella)利用硅较淡水硅藻(Synedra)更多,从而使其保持的硅浓度低于淡水硅藻所能生存和增殖的水平以下,竞争的结局是针杆藻取胜,如图 3-13 所示。

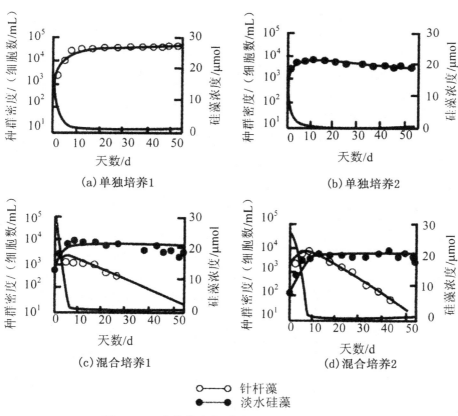

图 3-13　硅藻的竞争试验(引自 Begon,1986)

3)高斯假说

高斯假说(或竞争排斥原理)的定义为,生态位相近(如食物相同或利用资源的方式相同等)的两个种不能在同一地区长期共存。

所谓生态位是指生态学上相同的两个或多个物种。高斯假说在草履虫试验中的解释是,当双核小草履虫和袋状草履虫共存时,说明两者在栖息环境和食性上的生态位发生了分化。

图 3-14 为双核小草履虫和大草履虫单独及混合培养时的种群数量变化图。结果显示,混合培养时,双核小草履虫取得竞争优势,而大草履虫在竞争中被排斥。

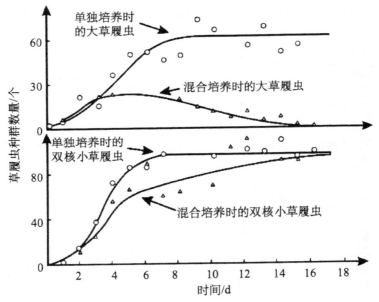

图 3-14 两种草履虫单独和混合培养时的种群数量变化

(2)竞争排斥及共存的数学基础

Lotka-Volterra 模型是 Logistic 方程的延伸,该模型是由两位数学家 Lotka 和 Volterra 于 1926 年各自独立提出的。按逻辑方程(单一种群的增长模型):

$$\frac{\mathrm{d}N}{\mathrm{d}t} = rN\left(\frac{K-N}{K}\right) \tag{3-23}$$

如果将两个物种放置在一起，则它们要发生竞争，从而影响种群的生长。因而应在上述方程中再增加一项，以描述它们之间的竞争。

如前所述，$\left(1-\dfrac{N}{K}\right)$ 项理解为尚未利用的剩余空间，而 $\dfrac{N}{K}$ 是已利用的空间。当考虑两物种 N_1 和 N_2 竞争或共同利用空间时，对于物种 N_1 而言已利用空间中，除 N_1 所占空间外还要加入 N_2 所占的空间。

$$\frac{\mathrm{d}N_1}{\mathrm{d}t} = r_1 N_1\left(1-\frac{N_1 + \alpha N_2}{K_1}\right) \tag{3-24}$$

式中，α 为竞争系数，它表示每个 N_2 所占的空间相当于 α 个 N_1 个体，即 α 是每个 N_2 对 N_1 所产生的抑制效应。

若 $\alpha = 1$，N_2 个体对 N_1 种群所产生的竞争抑制效应与 N_1 对自身种群所产生抑制效应相等。

$\alpha > 1$，N_2 的抑制效应比 N_1 大。

$\alpha < 1$，N_2 的抑制效应比 N_1 小。

同理：

$$\frac{\mathrm{d}N_2}{\mathrm{d}t} = r_2 N_2\left(1-\frac{N_2 + \beta N_1}{K_2}\right) \tag{3-25}$$

β 为每个 N_1 个体对 N_2 种群增长的抑制效应。

以上两个方程式为 Lotka-Volterra 的种间竞争模型。那么种群增长等于零时是什么样的情形呢？即 $\dfrac{\mathrm{d}N_1}{\mathrm{d}t}=0$ 时，有两个极端：$N_1 = K_1$ 或种群 N_1 的空间为种群 N_2 所占满时的极点，即 $N_2 = K_1/\alpha$（此时 $N_1 = 0$）。而 $\dfrac{\mathrm{d}N_2}{\mathrm{d}t}=0$ 时也有两个极端：$N_2 = K_2$ 或种群 N_2 的空间为种群 N_1 所占据时的极点，即 $N_1 = K_2/\beta$（此时 $N_2 = 0$）。

种群 N_1 连接 $N_1 = K_1$ 和 $N_2 = K_1/\alpha$ 两点可得图 3-15(a)，对种群 N_2 连接 $N_2 = K_2$ 和 $N_1 = K_2/\beta$ 两点可得图 3-15(b)。这两

条线分别为种群 N_1 和种群 N_2 的零增长线。当种群数量位于线的左方时,种群增长,而位于线的右方时种群下降。

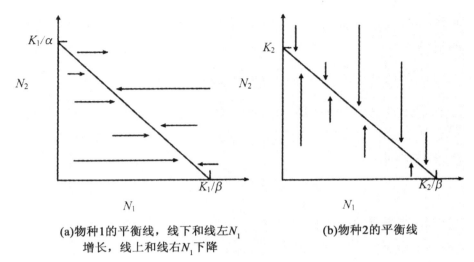

(a)物种1的平衡线,线下和线左N_1
增长,线上和线右N_1下降

(b)物种2的平衡线

图 3-15　Lotka-Volterra 竞争方程所产生的物种 1 和物种 2 的平衡线

将图 3-15(a)和(b)互相叠合起来,就可以出现四种情况,如图 3-16 所示,反映了该模型可能出现的四种竞争结局,而其结果取决于 K_1、K_2、K_1/α 和 K_2/β 的相对大小。

①当 $K_1 > K_2/\beta$ 且 $K_1/\alpha > K_2$ 时,它们各自的种群平均值为

$$\lim N_1 = (K_1 - \alpha K_2)/(1 - \alpha\beta),$$

而　　　　　　$$\lim N_2 = (K_2 - \beta K_1)/(1 - \alpha\beta)$$

②当 $K_2 > K_1/\alpha$ 且 $K_1 < K_2/\beta$ 时,则随着时间的延长,$N_1 \to 0$,$N_2 \to K_2$,即物种 1 在竞争中最终被物种 2 排除,物种 2 将单独呈逻辑斯谛增长。

③ 当 $K_2 > K_1/\alpha$ 且 $K_1 > K_2/\beta$,$N_1 \to K_1$,$N_2 \to 0$ 时,即物种 2 在竞争中最终被物种 1 排除,物种 1 将单独呈逻辑斯谛增长。

④ 当 $K_1 < K_2/\beta$ 且 $K_2 < K_1/\alpha$,$t \to \infty$ 时,N_1 或趋于零或趋于 K_1,相应地,N_2 或趋于 K_2 或趋于零,也就是说,在竞争中总有一个物种最终被另一物种排除,究竟何者被排除,取决于在竞争开始时,哪个物种的种群在数量上占优势。

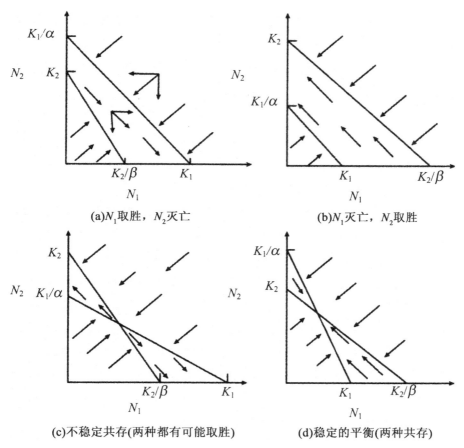

(a)N_1取胜，N_2灭亡　　　　(b)N_1灭亡，N_2取胜

(c)不稳定共存(两种都有可能取胜)　　(d)稳定的平衡(两种共存)

图 3-16　Lotka-Volterra 模型所产生的四种可能的结局（仿 Krebs，1978）

2. 捕食

　　捕食者与被食者的关系是两个不同营养阶层之间的相互关系。假设在没有捕食者存在的情况下，被食者种群（N_1）在无限空间内做几何级数增长，r_{m1} 为被食者的内禀增长率，即

$$dN_1/dt = r_{m1}N_1 \qquad (3-26)$$

　　如果没有被食者，则捕食者将因饥饿而死亡，其种群（N_2）的下降速率被认为是负的增长，即

$$dN_2/dt = dN_2 \qquad (3-27)$$

式中，d 为负变量，表示捕食者种群的相对死亡率。

　　如果被食者与捕食者共同生活在一个有限的空间内，那么，被食者种群的增长速率将有所下降,其下降的量取决于捕食者的种群密度。同样,捕食者种群的增长速率将从原来的负值水平有所上升,其上升的速率取决于被食者的种群密度。于是,描述这种被食者—捕食者系统的方程组为

$$dN_1/dt = (r_{m1} - C_1 N_2)N_1$$
$$dN_2/dt = (d + C_2 N_1)N_2 \qquad (3\text{-}28)$$

式中,C_1 和 C_2 为常数,C_1 表示"被食者保护它自己的本领"的一个测度,C_2 表示"捕食者攻击效力"的一个测度。

这个方程组有周期解,即捕食者和被食者均做周期性颤动。随着捕食者种群的增长,被食者种群逐渐下降。当被食者种群降至某一低值时,捕食者种群因饥饿而下降,使被食者种群得以恢复,至被食者种群升至某一较高密度时,捕食者种群又得以上升。

功能反应(functional response)是指每个捕食者的捕食率如何随被食者的密度而变化的一种反应。Holling(1959)的沙盘试验,以蒙眼人作为"捕食者",以 4cm 直径的沙盘作为"被食者",让"捕食者"在 3 平方英尺左右的桌子上"捕食"被食者,找到一个,拿走并放到一边,再继续找。以 1min 为期,探索被食者密度不同时"捕食"的数量,结果如图 3-17 所示。

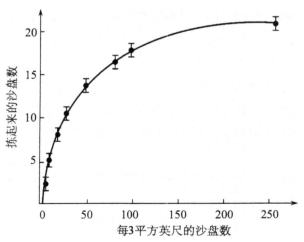

图 3-17　Holling 的沙盘试验:捕食数量与猎物
密度的关系(引自 Holling,1959)

捕食过程有两个耗时的行为:搜索和处理猎物。设 y 为移去的沙盘数,x 为沙盘的密度,T_s 为搜索时间,a 为发现域(常数),则:

$$y = aT_s x \qquad (3\text{-}29)$$

设 b 为移走一个沙盘所需的时间,T_t 为总的时间,则:

$$T_s = T_t - by \qquad (3\text{-}30)$$

代入式(3-29)后,得:

$$y = a(T_t - by)x \qquad (3\text{-}31)$$

简化为:

$$y = T_t ax/(1 + abx)$$

为求 a、b 值,可改写为:

$$y/x = T_t a - aby$$

由 y/x 对 y 做回归即可求出 $T_t a$ 值及 ab 值。

功能反应有 3 种类型:

① Ⅰ型,如图 3-18(a)所示。直线上升直至上部平坦部分达到一个平衡值,在前一阶段,每个捕食者的捕食量与猎物密度成正比,直到食物多于捕食者能取食的水平,如大型溞($Daphnia$ $magna$)对藻类和酵母的取食、盲走螨($Typhlodromus$ $occidentalis$)对植食螨的捕食等。

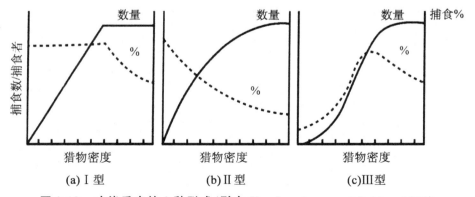

图 3-18　功能反应的 3 种形式(引自 Van Lennteren and Bakker,1978)

② Ⅱ型,如图 3-18(b)所示。曲线凸起直至饱和水平。负加

速的出现是由于在高猎物密度下捕食者的饥饿程度降低,搜索成功的比率降低,用于非搜索的时间增大,如直翅目蟋蟀对家蝇蛹的捕食。

③Ⅲ型,如图 3-18(c)所示。开始时是正加速,接着是负加速,最后达到饱和水平。在猎物密度低时,捕食者与猎物接触机会少,不能很快发现和识别猎物,随着猎物密度上升,接触增多,识别反应变快,捕食量增多。

数值反应(numerical response)是指当猎物种群密度上升时,捕食者密度的变化,主要表现在猎物密度对捕食者发育率(v)和生殖力(F)的影响,其模型如下:

$$
\begin{aligned}
v &= 1/D \\
&= \alpha(I - \beta) \\
&= \alpha(kN_a - \beta)
\end{aligned}
\tag{3-32}
$$

式中,D 为捕食者发育天数;I 为猎物摄取率;N_a 为被捕食的猎物数;α、β、k 为常数。

$$
F = \lambda/[e(kN_a - c)]
\tag{3-33}
$$

式中,λ、k、c 为常数;N_a 为被捕食的猎物数;e 为每个捕食者卵的生物量。

数值反应也有 3 种不同的类型,即Ⅰ型、Ⅱ型和Ⅲ型,如图 3-19 所示。

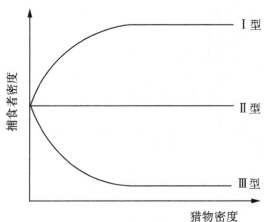

图 3-19　数值反应的 3 种形式(引自徐汝梅,1987)

（1）典型捕食作用

根据捕食的方式，可以分为追击和伏击两类。犬科兽类多为追击者，具细长四肢，善于奔跑，猎豹（*Acinonyx jubatu*）最高的跑速记录达每小时 100km。猫科兽类多为伏击者，有机动灵活的躯体和复杂的行为，潜伏隐蔽于暗处，伺机突然袭击。追击者多分布于草原、荒漠等开阔生境，伏击者则多出现于森林等封闭生境。昆虫中石蝇是追击者，而一些半翅目昆虫是伏击者。

人们对于捕食者（如狼）往往容易产生憎恨，而不易做客观的评价。捕食者确实杀死不少猎物，但它对猎物种群的稳定效应恰易被忽视。美国亚利桑那州曾为保护黑尾鹿捕杀美洲狮和狼等捕食者，不到 20 年由于鹿数量过多而使草场严重破坏，大批鹿因饥饿和寒冷死亡而久久不能恢复。同样挪威为了保护雷鸟，于 19 世纪末奖励捕打猎食雷鸟的猛禽和兽类，结果球虫病和其他疾病在雷鸟种群中广泛传播，造成雷鸟 20 世纪初一次又一次地大量死亡。原来猛禽捕食的主要是病的弱鸟。这些事实说明，捕食者与猎物的相互关系是生态系统长期进化过程中形成的复杂关系，它们是一对"孪生兄弟"，作为天敌的捕食者有时变成了猎物不可缺少的生存条件。

（2）食草作用

食草作用是广义捕食的一种，其特点是被食者只有部分机体受损害，植物也没有主动逃脱食草动物的能力。植物并没有被动物吃尽，其解释有两个：①食草动物进化中发展了自我调节机制，防止作为其食物的植物都毁灭；②植物在进化过程中发展了防卫机制。这样，在植物和食草动物之间，在进化过程中出现了一场进化选择竞赛。

植物受食草动物"捕食"危害的程度，随损害部位和植物发育阶段的不同而异。就植物本身而言，它们有补偿生长的作用。例如，植物在一些枝叶受损害后，自然落叶会减少，整株的光合率可能提高。另外，植物也不是完全被动的，食草动物的"捕食"还可能引起植物的防卫反应，主要是机械防御和化学防御。例如，被牛捕食后的悬钩子的皮刺较未啃食过的长而尖,这是植物的机械防卫反应;遭过锯蜂和树蜂危害的松树改变代谢,产生新的化学物。植物的这些防御证明是有效的。例如,荆豆顶枝在受到美洲兔的严重危害后,其枝条中会积累更多的毒素,变成兔所不可食的,这种化学保护可延续2～3年。这些是植物的化学防御反应。

正如典型的捕食作用一样,植物和食草动物是协同进化的。植物发展了防御机制,如有毒的次生物质,而食草动物也在进化中产生了相应的适应性,如形成特殊的酶进行解毒。

3.寄生作用

寄生性昆虫的生活方式不同于其他典型的寄生物,如内寄生性原虫、细菌、病毒、线虫等,后者寄生于寄主体内,使其致病;前者则在寄主体内或体表产卵,幼虫孵化后以寄主的组织为食,致使寄主死亡。由于寄生性昆虫的生态作用与捕食者相似,因此,描述捕食者与被食者关系的模型也适用于描述寄生物与寄主的关系。

(1)Nicholson 模型

该模型假设:①寄生物发现寄主的速率与寄主的密度成正比;②每个寄生物在其生命过程中寻觅的平均区域是一个常数,称为该寄生物的发现域(area of discovery),以符号 α 表示。

如果寄生物种群的数量(或密度)P 与被它们所寄生的寄主的寄生百分比均已知,那么,发现域 α 可由下式求出:

$$\alpha = (1/P)\ln(N/S) \tag{3-34}$$

式中,N 为可被寄生的寄主总数(或密度);S 为在寻觅后仍未被寄生的寄主数(或密度)。由此,根据某一世代的寄生物及寄主种群的数量推算下一代的寄生物及寄主种群数量的数学模型为:

$$\lg N_{n+1} = \lg N_n - (2P_n/2.3) + \lg F$$
$$P_{n+1} = N_n - \text{antilg}(\lg N - 2P_n/2.3) \tag{3-35}$$

式中,F 为寄主生育力;N_{n+1}、N_n 分别为两个相连世代的寄主种群;P_{n+1}、P_n 分别为两个相连世代的寄生物种群。

（2）Hassell 与 Varley 模型

Hassell（1931）通过观察姬蜂攻击其寄主粉螟时发现，当两个寻觅着的寄生蜂相遇时，它们中间的一方（或双方）有离开该相遇地点的倾向。寄生物之间相互干扰的行为，使其寻觅效率下降，而且这种干扰效应将随着寄生物密度的增加而加剧。Hassell 和 Varley（1969）发现，发现域（α）与寄生物密度（P）之间有以下关系：

$$\lg\alpha = \lg Q - m\lg P \tag{3-36}$$

或

$$\alpha = QP^{-m} \tag{3-37}$$

式中，Q 为探索常数，即当寄生物的密度 $P = 1$ 时的发现域；m 为相互干扰常数。

寄生物以寄主的身体为定居空间，并靠吸收寄主的营养而生活。因而寄生物对寄主的生长有抑制作用，这种抑制作用在动物之间表现明显。以下主要介绍植物之间的寄生现象。

①植物致病：如细菌或病毒常引起植物死亡。

②半寄生物：如小米草（*Euphrasia*）、槲寄生仅仅保留含叶绿素的器官，能进行光合作用，但是水和矿物质从寄主上获得。

③全寄生物：全部器官退化。如大王花是有花植物的典型例子，它们仅仅保留花，身体的所有器官都变为丝状的细胞束，这种丝状贯穿于寄主细胞的间隙中，吸取寄主的营养。

同动物之间的寄生关系一样，植物寄生物具有强大的繁殖力和生命力。植物寄生物在没有碰到寄主前，能长期保持生活力而不死，一旦碰到寄主，立刻恢复生长。如寄生在很多禾本科根上的玄参独脚金属（*Striga*）植物，一株可产 50 万粒种子，可保持生命力 20 年不发芽，但一旦碰到寄主就生长。另外，寄生有专一性，即多数的寄生植物只限于一定科、属中。如菟丝子属（*Cuscuta*）和列当属（*Orobanche*）中的许多种类，常寄生在三叶草、柳树、大麻等上。所以寄生者和寄主常常是共同进化的。

第4章　生态系统中的生态群落

群落生态学是生态学在群落层次研究的分支,其内容是生态学基础知识的一部分,也是农业、林业、畜牧业等群落调控的理论基础;在土地利用、自然保护等领域都有重要指导意义。

4.1　生物群落的概念与特征

4.1.1　生物群落的概念

群落学是研究生物群落内部关系及其环境相互关系的一门学科。生物群落(biotic community)是指一定空间内,生活在一起的各种动物、植物或微生物的集合体(assemhlage)。许多物种集合在一起,彼此相互作用,具有独特的成分、结构和功能。一片树林、一片草原或一片荒漠,都可以看作一个群落。群落内的各种生物由于相互影响、紧密联系和对环境的共同反应,使群落构成一个具有内在联系和共同规律的有机整体。

生物群落学的研究对象,并不局限于自然植被(natural vegetation),还应包括人工植被(artificial vegetation)或栽培植被(cultivated vegetation)。

研究这些自然的或人工群落的基本内容或范畴可归纳为五个方面:群落的结构、生态、动态、分类与分布。要搞清楚群落的以上性质,就得从群落的结构研究入手,同理首要的问题就是生物的种类组成及数量特征。

虽然多数学者持群落有机论的观点,但近代的生态学研究,尤其是梯度分析和排序定量研究证明群落无论在空间和时间上都是连续的一个系列,这使得人们更倾向于个体论。以上两派观点的争论并未结束,因研究区域与对象不同而各抒己见。但是两派争论的焦点已淹没在由于人类活动引起的群落的变形问题上。因此,人们同时接受了这两种观点。人们认为两派的争论实质上是群落性质的两个侧面,即群落既有有机体的性质,又有个体的性质,就像可见光既有红、橙、黄、绿、青、蓝、紫七色光的性质,而七色光的电磁波的波长变化又是连续性的一样。

4.1.2 生物群落的基本特征

从上述定义中,可知一个生物群落具有下列基本特征。

(1)具有一定的物种组成

每个群落都是由一定的植物、动物或微生物种群组成的。因此,物种组成是区别不同群落的首要特征。

(2)不同物种之间的相互影响

生物群落是不同生物物种的集合体,但不是说一些种的任意组合便是一个群落。一个群落的形成和发展必须经过生物对环境的适应和生物种群之间的相互适应。

(3)具有形成群落环境的功能(function)

由于光照、温度、湿度与土壤等都经过了生物群落的改造,所以森林中的环境与周围裸地有天壤之别,即使是生物散布非常稀疏的荒漠群落,对土壤等环境条件也有明显的改造作用。

(4)具有一定的外貌和结构

生物群落所具有的一定的物种组成使其具有另一重要特征,即群落外貌和结构特点,包括植物的生长型(如乔木、灌木、草本和苔藓等)和群落结构(形态结构、生态结构与营养结构)。

(5)一定的动态特征

生物群落是生命系统中具有生命的部分,生命的特征是不停地运动,群落也是如此。其运动形式包括季节动态、年际动态、演替与演化。

(6)一定的分布范围

各群落分布在特定地段或特定生境上,不同群落的生境和分布范围不同。无论从全球范围看,还是从区域角度讲,都按一定的规律分布着。

4.2　生物群落的组成

研究群落的特征是在知道其组成的各个种群的数量特征的基础上进行的,所以,首先要调查清楚群落的组成,之后调查各个种群的数量。

4.2.1　群落的种类组成

群落具有一定的种类组成和一定的物种间相互关系。在一个群落中,生物的种类和个体数量多得惊人。在 4000m² 左右的森林面积中,有 4000 多万个生物,包括 400 多个物种,其中还没有包括低等的原生动物和微生物。生活在同一群落中的各个物种是通过长期历史发展和自然选择而保存下来的,它们彼此之间的相互作用不仅有利于它们各自的生存和繁殖,而且有利于保持群落的稳定性。

调查种类组成是在一个群落中进行的,然而在自然群落中,要查遍整个群落是不可能的。所以,登记群落的组成,首先要选择样地,即能代表所研究群落基本特征的一定地段或一定空间。所取的样地应注意环境条件的一致性与群落外貌的一致性,最好处于群落的中心部位,避免过渡地段。样地位置确定之后,还要确定样地大小,因为只能在一定的面积上进行登记。一般使用最小面积法确定样地的大小。

1. 最小面积

(1)最小面积概念

最小面积是指至少要有这样大的空间，才能包含大多数植物种类。既然群落的结构是由各种植物的组合方式所形成的，而最小面积上又包含大多数植物种类，那么在这个面积上就能表现出群落结构的主要特征。因此，这个面积也称为表现面积。最小面积使用种—面积曲线方法求得，具体可以用图 4-1 所列几种样地扩大方式。

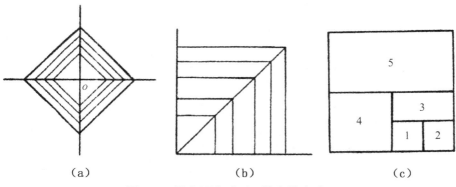

（a） （b） （c）

图 4-1 最小面积求法（巢式样方法）

①从中心向外逐步扩大法。

通过中心点 O 作两条相互垂直的直线，在两条线上面依次定出距中心点为 0.71m、1.00m、1.41m、1.73m 等位置，各等距四点连接后即分别构成 1m²、2m²、4m²、6m²、8m² 的小样地，如图 4-1(a)所示。随着样地面积的增大，内含的植物种类数也增多，作种—面积曲线。

②从一点向一侧逐步扩大法。

通过原点作两条直角线为坐标轴，在线上依次取距原点为 1.0m、1.41m、2.0m、2.4m、2.8m 的位置，各自再作轴的垂线分别连接成面积为 1m²、2m²、4m²、6m²、8m² 的小样地，如图 4-1(b)所示，作种—面积曲线。

③成倍扩大样地面积法。

如图 4-1(c)所示,方法逐步扩大,每一级面积为前级面积的 2 倍,作种—面积曲线。

最小面积一般是从种—面积曲线中确定的,种—面积曲线如图 4-2 所示,最初陡峭上升,而后水平延伸,开始平伸的一点处所指示的面积,即为最小面积。既然群落的结构是各种植物的组合方式,而最小面积又包含了大多数植物种类,那么在这个面积上就能够表现出群落结构的主要特征。

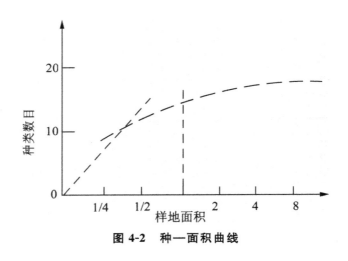

图 4-2 种—面积曲线

(2)最小面积与环境条件的关系

①对乔木而言,组成群落的植物种类越多,群落的最小面积相应地就越大。例如,我国西双版纳南部的热带雨林群落,它的最小面积至少为 $2500m^2$,其中包含组成群落的主要高等植物 130 种左右。而东北小兴安岭红松林的一个群落,植物种类要少得多,它的最小面积约为 $400m^2$,包含主要的高等植物 40 多种。这样,我们就可以从环境条件的优势程度、植物种类数目的多寡、群落结构的复杂程度和群落最小面积的大小等方面,找到一定相关性,它们之间都是一种正相关关系。

②对草本植物群落来说,法国 CEPE 的生态工作组用标准化了的巢式样方研究世界各地不同草本植被类型的种类数目特征,

所用的样方面积最初为 $1/64m^2$，以后成倍加大。他们把含样地总种 84% 的面积作为群落的最小面积，结果如表 4-1 所示。

表 4-1　不同地区的最小面积

地区	最小面积/m²
阿尔卑斯山海拔 2200m 草甸	1
温带典型草甸	4
温带草原	8
地中海地区草本植被	16
荒漠	128～256
撒哈拉沙漠	512

2.组成植物群落的成分

可以根据各个物种在群落中的作用而划分群落成员型。下面是植物群落研究中常见的群落成员型分类，如图 4-3 所示。

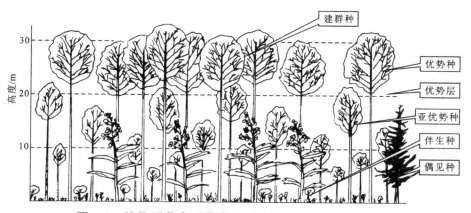

图 4-3　植物群落中群落成员型分类（引自 Smith，1992）

（1）优势种

组成群落的各个物种在群落中的作用是不同的。对群落的结构和群落环境的形成起主要作用的植物称为优势种（dominant species），它们通常是那些个体数量多、投影盖度大、生物量高、体积较大、生活能力较强，即优势度较高的种。

群落的不同层次可以有各自的优势种:以马尾松林为例,分布在南亚热带的一些马尾松林,其乔木层以马尾松占优势,灌木层以桃金娘占优势,草本层以芒萁占优势。各层有各自的优势种,其中优势层的优势种起着构建群落的作用,常称为建群种,在上面的例子中马尾松即是该群落的建群种。

(2)建群种

建群种是对群落的生境有明显的控制或影响作用的植物种群,即主要层的优势种(dominant species),种群在数量、盖度、频度和生物量等数量特征都具有优势的植物群落。

(3)亚优势种

亚优势种是个体数量与作用都次于建群种,但是在决定群落的性质和对群落生境的控制或影响方面仍然起一定作用的植物群落。在复层群落中它通常在下层,如大针茅草原的小半灌木冷蒿层。

(4)伴生种

伴生种为群落的常见种,但是不起主要作用。

(5)偶见种

偶见种由人类偶然带入或随某种条件的改变而进入群落,或为衰退中的残遗种,在群落中出现的频率很低,个体数量十分稀少。偶见种可能是子遗种,也可能是生态指示种。

4.2.2　群落中种群数量指标

1. 多度(abundance)

多度是表示一个种在群落中的个体数目。多度的统计法通常有两种:一是个体的直接计算法,即"记名计算法";二是目测估计法。在我国一般采用德鲁捷(Drude)七级制多度,从极多到单株或个别七级,如表 4-2 所示,多用于草本和灌木群落,而乔木群落多用"记名计算法",是个实测数。

表 4-2　几种常用的多度等级

德鲁捷	克列门茨（Clements）	布朗-布朗奎（Braun-Blanguet）	
Soc(Sociales)极多	D(Dominat)优势	5	非常多
Cop(Copiosae)很多	A(Abundant)丰盛	4	多
Cop^2 多	F(Frequent)常见	3	较多
Cop^1 尚多	O(Occasionl)偶见	2	较少
Sp(Sparsal)尚少	R(Rare)稀少	1	少
Sol(Solitariae)少	Vr(Very rare)很少	+	很少
Un(Unicum)个别			

2.密度(density)

密度是指单位面积上的植物株数,用公式表示为:

$$d = \frac{N}{S}\qquad(4\text{-}1)$$

式中,d 为密度;N 为样地内某种植物的个体数目;S 为样地面积。

密度的倒数即为每株植物所占的单位面积。在群落内分别计算各个种的密度,其实际意义不大。重要的是计算全部个体(不分种群)的密度和平均面积。在此基础上,又可推算出个体间的距离:

$$L = \sqrt{\frac{S}{N}} - D\qquad(4\text{-}2)$$

式中,L 为平均株距;D 为树木的平均胸径;N 为样地内某种植物的个体数目;S 为样地面积。

密度的数值受到分布格局的影响,而株距反映了密度和分布格局。在规则分布的情况下,密度与株距平方成反比。但在集中分布情况下不一定如此。

3.盖度(coverage)

一般来讲,盖度指的是植物地上部分占样地面积的百分比,盖度有多种。

(1)投影盖度

投影盖度是植物枝叶所覆盖的土地面积比,即植物地上部分垂直投影面积占样地面积的百分比。草本群落测法是:用 $1m^2$ 的木架,分 100 个格,以植物枝叶所占格数的百分数表示。乔木群落的测法是:正午时植物地上部分垂直投影面积占样地面积的百分比。

(2)基盖度

对于草原群落,常以离地面 2.54cm(1 英寸)高度的断面计算;而森林群落则以树木胸高(1.3m 处)的断面积计算。即 2.54cm 高度的断面积或 1.3m 树木胸高断面积占样地面积的百分比,这两个高度的群落不会随着季节和动物的啃食的变化而变化,基盖度是一个较稳定的度量。

(3)分盖度

分盖度是指各个种群的盖度,可以是投影的分盖度,也可以是基部分盖度。

(4)层盖度

种群的层盖度,即各个层次的盖度,可以是投影盖度,也可以是基盖度。

(5)群落盖度

群落盖度在林业上称为郁闭度,可以是投影盖度,也可以是基盖度。值得注意的是,由于层次的重叠使分盖度之和(分盖度之和等于总盖度)大于群落盖度。

(6)相对盖度

群落中某一种群的分盖度占所有分盖度之和(总盖度)的百分比,即相对盖度。

4.频度(frequency)

频度是调查一个种群在样地中分布得均匀与否的数量指标。

(1)频度

频度即某个物种在调查范围内出现的频率。常按包含该种个体的样方数占全部样方数的百分比来计算,频度用 F 表示。

$$F=\frac{\text{某种出现的样方数}}{\text{样方总数}}\times100\%　　　　(4\text{-}3)$$

（2）Raunkiaer 定律

丹麦学者 C. Raunkiaer 根据 8000 多种植物的频度统计(1934 年)编制了一个标准频度图解(frequency dingram)。在这个图中分五级,A、B、C、D、E 级,每 20% 为一个单位。凡频度在 1%～20% 的植物物种归入 A 级,21%～40% 者为 B 级,41%～60% 者为 C 级,61%～80% 者为 D 级,81%～100% 者为 E 级。在他统计的 8000 多种植物中,由图 4-4 可知,频度属 A 级的植物种类占 53%,属 B 级的有 14%,C 级的有 9%,D 级的有 8%,E 级的有 16%,这样按其所占比例的大小,五个频度的关系是:A>B>C≥D<E。

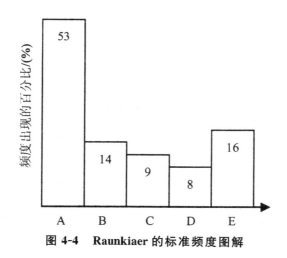

图 4-4　Raunkiaer 的标准频度图解

但是频度只是群落内部的一个度量,群落的性质还有诸多的度量指标。

（3）频度与密度的关系

种的频度不仅与密度有关,而且受到分布格局、个体的大小以及样方的数目和大小的影响。在随机分布的情况下密度与频度有以下函数关系:

$$m = -\ln(1 - F) \tag{4-4}$$

式中,m 为密度;F 为频度。

5. 高度(height)

植物的高度有两种测法:测自然高度和绝对高度。通常自然高度比绝对高度更具有现实的意义,因为自然界对群落的风、雪、霜、雨的作用是从自然高度开始的,而并非绝对高度。

6. 重量(weight)

重量是用来衡量种群生物量(biomass)和现存量(standing crop)的指标,可分为鲜重与干重。在草原植被研究中,这一指标特别重要,单位面积或容积内某一物种的重量占全部物种总重量的百分比称为相对重量。

7. 体积(volume)

体积是生物所占空间大小的度量。这一指标在森林植被研究中比较重要,在森林经营中,通过体积的计算可以获得木材生产量。单株乔木的体积等于胸高断面积(S)、树高(h)和树形(f)三者的乘积,即:

$$v = S \cdot h \cdot f \tag{4-5}$$

因此,在断面积乘以树高而获得圆柱体体积之后,必须按不同树种乘以该树种的形数(在森林调查表中查到),就获得一株乔木的体积。草本植物或小灌木体积的测定,可用排水法进行。

8. 相对指标与指标比

相对指标是某物种指标与全部种指标之和的比,而指标比是某物种指标与该指标的最高种的比。例如:

$$相对盖度 = \frac{某种的盖度}{\sum 所有种的盖度} \times 100\%$$

$$盖度比 = \frac{某种的盖度}{最高盖度种的盖度} \times 100\%$$

9.群落综合数量指标

(1)优势度与综合优势比

在大多数的群落研究中,确定优势度时所使用的指标主要是种的盖度与密度。诚然,盖度与密度影响是较大的,但频度、高度等也都是重要的。

虽然对优势度的具体定义和计算方法各学者意见不一,采用的特征和方法不尽相同,但其目的是一致的。日本学者提出综合数量指标,包括两项因素、三项因素、四项因素和五项因素,即在密度比、盖度比、频度比、高度比和重量比这五项指标中任意取,求平均值。例如:

两项综合优势比(SDR_2):
$$SDR_2 = (密度比 + 盖度比) \div 2 \times 100\%$$
三项综合优势比(SDR_3):
$$SDR_3 = (密度比 + 盖度比 + 频度比) \div 3 \times 100\%$$
四项综合优势比(SDR_4):
$$SDR_4 = (密度比 + 盖度比 + 频度比 + 高度比) \div 4 \times 100\%$$

(2)重要值

重要值是美国学派使用的优势度指标。它是相对密度、相对频度、相对盖度的平均值。

10.种间关联

种与种之间的关联程度在研究群落生态学中占有很重要的部分。在一个特定的生物群落中有些种群趋向于在一个生境中出现,呈现正相关,而另外的一些种群趋向于负相关,即有某种的生境中一定没有另外的一些种群。

群落中全部种对可能出现的关联类型有:必然的正关联、必然的负关联、部分关联和无关联,如图 4-5 所示。必然的正关联可能出现在某些寄生物和单一宿主间,还有完全取食于一种植物的单食性昆虫。部分关联出现于只是部分地依存于另一物种生存的大多数物种,如昆虫取食若干种植物,捕食者取食若干猎物。部分依存关系看来是自然群落中最常见的,其出现频率仅次于无相互作用。竞争排斥是群落中少数物种间的关联类型。

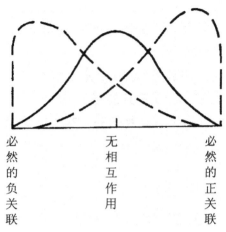

必然的负关联　无相互作用　必然的正关联

图 4-5　群落中各种群相关联的类型(引自 Kebs)

假如用三维立体的关系描述群落中各个种群的距离,最经典的是李博对内蒙古鄂尔多斯本氏针茅群落中的 12 个主要种群关系的立体描述,如图 4-6 所示。图中 1 是本氏针茅,2 是糙隐子

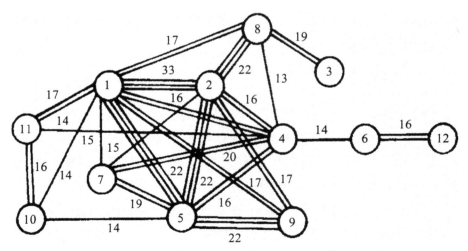

图 4-6　本氏针茅、百里香群落主要种群间的 3D 距离

草,3 是羊草,4 是阿尔泰狗娃花,5 是山苦菜,6 是冷蒿,7 是达乌里胡枝子,8 是砂珍棘豆,9 是细叶远志,10 是菊叶委陵菜,11 是百里香,12 是地丝石竹。随着现代计算机的普遍使用,有人试图用更多的维数计算群落中各个种间的关系或距离。

事实上,群落内各个种群的关系不是只用 1D(一条线)、2D(一个平面)或 3D(立体)就能够解释清楚的,只不过人脑分析或想象不了超过四维的关系,尽管现代的计算机可以记录 N 个维数。

4.2.3　群落的物种多样性

物种多样性(species diversity)是指群落中物种的数目和每一物种的个体数目。第一种含义是物种的数目或丰富度(species richness),指物种数目的多寡;第二种含义是物种均匀度(species evenness),指群落中全部物种个体数目的分配状况。

表示物种多样性的指数有辛普森多样性指数,简称辛普森指数(Simpson diversity index)、香农-威纳指数(Shannon-Weiner index)和种间相遇概率(probability of interspecific encounter, PIE)。

辛普森指数:在群落中随机抽取两个个体,它们不属于同一物种的概率有多大?

辛普森指数为随机取样的两个个体属于不同种的概率＝1－随机取样的两个个体属于同种的概率。设种 i 的个体数占群落中总个体的比例为 P_i,那么随机抽取种 i 两个个体的联合概率为 P_i^2,将群落中全部种的概率合起来,就得到辛普森指数 D,即:

$$D = 1 - \sum P_i^2 \tag{4-6}$$

由于 $P_i = N_i/N$(N_i 为种 i 的个体数,N 为群落中全部物种个体数),所以

$$D = 1 - \sum (N_i/N)^2 \tag{4-7}$$

香农-威纳指数:用来描述种的个体出现的紊乱和不确定性,

不确定性越高,多样性也越高,其公式为

$$H = -\sum P_i \log_2 P_i \qquad (4-8)$$

式中,P_i 为属于种 i 的个体在全部个体中所占的比例;H 为群落的香农-威纳指数,对数的底可取 2、e 或 10,但相应单位为 nit(尼特)、bit(比特)和 dit(点)。

例 4-1 假定一个群落由 4 个多度相等的物种组成,那么每一次取样 P_i 所占的比例都为 0.25,即 $P_i = 0.25$。0.25 的自然对数为 -1.386,因此 $P_i(\ln P_i)$ 为 $0.25 \times (-1.386) = -0.347$。4 个物种该项值的累加就是 H',可见 $H' = 1.386$,$e^{H'} = 4.00$,各项多样性指数的计算结果如表 4-3 所示。

表 4-3 几种常见的多样性指数计算实例

物种	群落 1	群落 2	群落 3	群落 4
A	50	20	39	35
B	4	20	39	33
C	5	20	39	30
D	21	20	39	234
E			39	23
F			39	28
G			39	21
H			39	26
I			39	16
J			39	19
K			39	2
L			39	1
Σ	80	80	468	468
辛普森指数 D(物种丰富度)	4	4	12	12
$H' = \sum P_i \ln P_i$(信息指数)	0.97	1.39	2.48	1.80

续表

物种	群落 1	群落 2	群落 3	群落 4
$J = H'/\ln D$（物种均匀度）	0.70	1.00	1.00	0.73
$e^{H'}$	2.63	4.00	12.00	6.06
$\sum P_i^2$（辛普森指数）	0.47	0.25	0.08	0.28
$1/\sum P_i^2$（辛普森反指数）	2.15	4.00	12.00	3.59
$D/(\lg P_i - \lg P_s)$（Whittaker 指数）	3.65	0.00	0.00	5.06
$1 - \sum (P_i^2)^{1/2}$（Mclntonson 指数）	0.32	0.50	0.71	0.47

注：P_i 表示第 i 种的个体数量和群落总个体数量之比，也可采用生物量和生产力比较单位；P_s 表示第 s 物种的个体数量和群落总个体数量之比。

Hurlbert(1971)建议采用描述群落组织水平特征或相互关系的指数，即种间相遇概率来描述物种多样性，它根据不同种的活动在随机情况下个体间相遇的比率来决定，其公式为

$$PIE = \sum (N_i/N)[(N - N_i)/(N - 1)] \qquad (4\text{-}9)$$

式中，N_i 为第 i 种的个体数；N 为群落中总的个体数。

群落物种多样性的高低，除了受取样大小、数量多少的影响以外，主要依赖于群落中种类数的多少以及个体数在各个种中的分布是否均匀，即多样性是群落丰富度（richness）和均匀度（evenness）的函数。群落的丰富度用群落的种类数（S）表示，而群落的均匀度是群落实测多样性与理论最大多样性的比值。

如图 4-7 所示为物种丰富度的简单模型，群落的丰富度指数包括 Gleason 指数和 Margalef 指数。Gleason 指数公式为

$$dGl = (S - 1)/\ln A \qquad (4\text{-}10)$$

式中，A 为单位面积；S 为物种数目。

Margalef 指数公式为

$$dM = (S - 1)/\ln N \qquad (4\text{-}11)$$

式中，N 为样方中观察到的个体总数；S 为物种数目。

群落均匀度是指群落中各个种的多度的均匀程度，可通过多

样性指数值与该样地种数、个体总数不变情况下的最大多样性值的比值来度量。

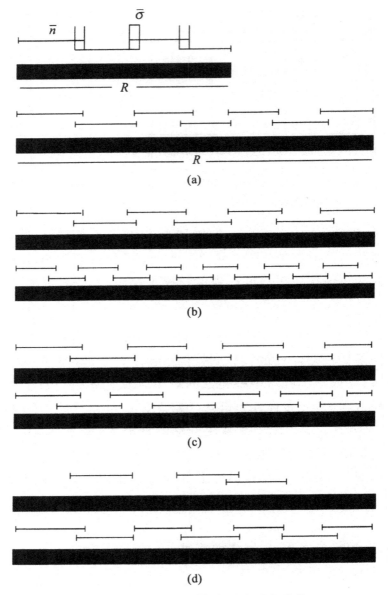

图 4-7　物种丰富度的简单模型（引自孙儒泳等，1993）

R—群落有效资源范围；$\bar{n}$—某一物种的生态位宽度；$\bar{\sigma}$—平均生态位重叠

如果物种多样性指数的计算基于辛普森指数，则当 $n_i/N = 1/S$ 时，有最大的物种多样性：

$$SP_{max} = S(N-1)/(N-S) \qquad (4\text{-}12)$$

则物种均匀度为：

$$E = SP/SP_{max} \qquad (4\text{-}13)$$

如果物种辛普森指数的计算基于香农-威纳指数，则最大的物种多样性为：

$$SW_{max} = -\sum (1/S)\ln(1/S)$$
$$= \ln S \qquad (4\text{-}14)$$

则物种均匀度为：

$$E' = SW/SW_{max} = SW/\ln S \qquad (4\text{-}15)$$

4.3　生物群落的结构

群落结构包括物理结构和生物结构两个方面。观察一个群落时，最容易看到的实际上就是群落的物理结构，包括植物生长型、垂直结构、季节变化。群落的生物结构包括关键种、优势种、多度和相对多度、物种多样性，还包括群落的演变和群落内物种间的相互关系。群落的生物结构对物理结构有一定的依赖关系。群落的空间结构取决于各物种的生活型及相同生活型的物种所组成的层片，它们是群落的结构单元。生活型（life form）是指生物对外界环境适应的外部表现形式。高等植物五大生活型为高位芽植物、地上芽植物、地面芽植物、地下芽植物、一年生植物，如图 4-8 所示。

统计某个地区或某个植物群落内各类生活型的数量比例称为生活型谱，如表 4-4 所示。在不同的气候区，生活型的类别组成不同。在潮湿的热带地区，植物的主要生活型是高位芽植物，在干燥炎热的沙漠地区和草原地区，以一年生植物最多。

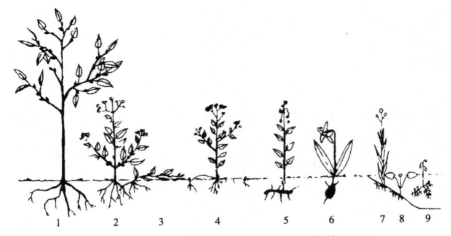

图 4-8   Raunkiaer 生活型图解（引自孙儒泳等，1993）

1—高位芽植物；2、3—地上芽植物；4—地面芽植物；5～9—地下芽植物

表 4-4   不同气候区的生活型谱

生活型谱	高位芽植物	地上芽植物	地面芽植物	地下芽植物	一年生植物
热带地区	61%	6%	12%	5%	16%
北极地区	1%	22%	60%	15%	2%
沙漠地区	12%	21%	20%	5%	42%
温带地区	7%	3%	50%	22%	18%
地中海地区	12%	6%	29%	11%	42%

资料来源：曲仲湘等，1983。

4.3.1   垂直结构

群落的垂直结构就是群落的层次性（stratification）。大多数群落都具有清楚的层次性，群落的层次主要是由植物的生长型和生活型所决定的。苔藓、草本植物、灌木和乔木自下而上分别配置在群落的不同高度上，形成群落的垂直结构。群落中植物的垂直结构又为不同类型的动物创造了栖息环境，在每一个层次上，都有一些动物特别适应于该层次的生活。

生物在整个群落中的分布是不均匀的。它们的分布可以从垂直面和水平面去考察。

垂直面的分布，在某些森林群落中，可以明显地把森林群落分为乔木层、灌木层、草本层和地被层，这就是群落的分层现象。

在一个发育良好的森林中，从树冠到地面可以看到有林冠层、下木层、灌木层、草本层和地表层。林冠层是森林木材产量的主要来源，对森林群落其他部分的结构影响也最大。如果林冠层比较稀疏，就会有更多的阳光照射到森林的下层，因此下木层和灌木层的植物就会发育得更好；如果林冠层比较稠密，那么下面的各层植物所得到的阳光就很少，植物发育也就比较差。

最高大的树木占有森林的最上层，形成乔木层（林冠），往下是灌木层和草本层。北方的森林分层简单而明显。热带雨林很高，分层很不明显，各层还能分出 2～3 个亚层，由于到达地表的光照强度很弱，所以地被层不发达，林内有丰富的藤本植物和附生植物，这些植物难以归入某一层，我们把这些植物称为层间植物。一般光线从天空射入森林，绝大部分被树冠所截取。越是底层的植物，所获得的阳光越少。分配到灌木层的阳光大概只有10％，而到达地面的阳光还不到1％。因此，在最底层的植物，只能在微弱阳光的条件下进行光合作用，如图 4-9 所示。灌丛或荒漠群落缺少乔木层。草原、草甸和苔原群落一般仅有草本层。稀树干草原则以占优势的草本层为主，稀疏分布着乔木树种。

植物之间竞争阳光是决定森林分层现象的一个重要因素，只要一种植物遮盖了另一种植物或同一种植物的一些叶片遮盖了另一些叶片，都会出现对阳光的竞争。优势植物不仅要有大量的叶片，而且叶片要配置在最有利的位置以便拦截阳光。在很多情况下，高高在上是拦截阳光的最有利位置。

以上是植物垂直分布的情况。动物在林间或土壤里的分布情况也很类似。例如，不同深度的土壤动物不相同；水中的生物群落，其垂直分布也不同；空气中的生物群落，由于各层提供的食料不同，动物的种类和数量也不一样。又如，在一个栎树林中，一些食树叶者居住在冠层,树干取食者居住于树干层,而取食低矮植物部分者在树林间草本植物上生活。

**图 4-9　福建南靖南亚热带雨林自然保护区内森林
群落的垂直结构(引自林鹏和丘喜昭,1990)**

1—红栲;2—乌来栲;3—红鳞蒲桃;4—厚壳桂;5—黄桐;6—华杜英;
7—翅子树;8—鹅掌柴;16—罗伞树;17—九节木;18—斜基粗叶木;
19—柏拉木;21—刺杪椤;22—海芋;23—华山姜;25—单叶新月蕨;
26—密花豆藤;27—扁担藤;28—花皮胶藤;29—白背瓜馥木(其余略)

在水域环境中,植物可分为挺水植物、漂浮植物、沉水植物等;动物有水面生活的水黾、水层中生活的仰泳蝽和水底生活的红娘华等。鱼类经常活动在特殊的水域。例如,青鱼、草鱼、鲢鱼、鳙鱼四大家鱼分布在不同层次上,这些动物的垂直分布都同水体的物理条件(温度、盐度和氧气含量)和生物条件(食物、天敌)有密切的关系。

在淡水养殖中,通过放养生态位不同的鱼类,如表 4-5 所示,也能形成层次丰富的垂直结构,有利于充分利用饲料资源,提高鱼塘的生产力。

表 4-5 广东省顺德市淡水鱼主要混养品种的特性

品种	生活层次	食性	作用	混养参考密度/(尾/hm²)	混养比例
鲢鱼	上层	幼时主食浮游动物,大时主食浮游植物	使水质变清	300~450	2.7
鳙鱼	中上层	主食浮游动物	使水质变清	375	2.7
草鱼	中层为主	草食	排泄物和吃剩的饵料有利于生物繁殖,从而有利于鲢鱼、鳙鱼生长	1500~3000	16.3
团头鲂	中下层	食草与昆虫	提高饵料的利用率	750	5.4
鲮鱼	下层	杂食	耐低氧浓度,利用其他鱼的剩食、饵料和排泄物	9750	70.7
鲤鱼	下层	杂食	耐低氧浓度,利用其他鱼的剩食、饵料和排泄物	300	2.2

资料来源:骆世明等,1984。

农田生物群落,也因作物的种类、栽培条件的差异,形成不同的层次结构。以稻田的昆虫群落结构为例,稻田上层光照强、通风好、叶片茂绿,主要是稻苞虫、稻纵卷叶螟等食叶性害虫栖居和危害;稻田中下层,光照较弱、湿度较大,为水稻的茎秆层,主要是稻飞虱、叶蝉及螟虫栖居和危害;而地下层处于淹水条件,则主要是食根性害虫(如稻叶甲幼虫、双翅目幼虫等)危害的层次。

4.3.2 水平结构

植物群落中某个物种或不同物种的水平配置也不一致。多数群落中的各个物种常形成斑块状镶嵌,也可能均匀分布。导致水平结构的复杂性有三方面的原因。

(1)亲代的扩散

风传布植物、动物传布植物、水布植物可能分布范围较大,而种子较重或进行无性繁殖的植物,往往在母株周围呈群聚状。同样是风传布植物,在单株、疏林、密林的情况下扩散能力也各不相同。动物传布植物受到昆虫、两栖类动物产卵的选择性的影响,幼体经常集中在一些适宜于生长的生境。

(2)生境异质性

由于成土母质、土壤质地和结构、水分条件的异质性导致动植物形成各自的水平分布格局。

(3)种间相互作用的结果

草食动物明显地依赖于它所取食的植物的分布,还有竞争、互利共生、偏利共生等的结果。

植物群落的特征不仅表现于垂直分层现象,也表现于水平方向上。这里重点讲述群落的镶嵌性与复合体。

植物群落水平结构的镶嵌性,是由植物个体在水平方向上的不均匀分布造成的,可形成许多小群落(microcoenose)。环境因子的不均匀性,是生物镶嵌分布的主要原因。地形和土壤条件的不均匀性引起植物在同一群落中镶嵌分布的现象更为普遍,群落环境的异质性越高,水平结构越复杂。

1. 镶嵌性

层片在二维空间(平面)中的不均匀配置,使群落在外形上表现为斑块相间,我们称为镶嵌性。具有这种特征的植物群落叫作镶嵌群落,每一个斑块就是一个小群落,它们彼此组合,形成了群落的镶嵌性。每一个小群落由具有一定的种类成分和生活型组成。因此,它不同于层片(结构),而是群落水平分化的一个结构部分。而且,由于其形成在很大程度上依附其所在的群落,因此,在欧洲的群落学研究中,把它叫作从属群落(丛)。

镶嵌群落可以分为两类:融合型和轮廓型,融合型镶嵌群落在小群落间没有明显的边界,植物种类在生长型方面,创造小环境的能力方面有较小的差异。这反映了该群落内部环境的一致性较大,是群落趋于稳定的表现,而轮廓型群落恰好相反。自然界中群落的镶嵌是绝对的,均匀性是相对的(因为生境异质是绝对的)。

2. 复合体

复合体是不同群落之间水平分布格局的一个特征,群落复合体是由于环境条件(主要是地形、水分和土壤条件)在一定的空间地段有规律地交替,而使两个或两个以上的群落或群落片段多次地、有规律地重叠出现所组成的植被。复合体是普遍存在的植被结构格局,在自然植被的过渡地带表现得更为充分。

3. 复合体与镶嵌性的主要差别

①镶嵌群落是群落内部小群落间的结构格局,而复合体是各个不同群落之间的结构格局。

②构成镶嵌群落的层片和小群落都具有自己的生态小环境,小生境之间相互作用形成一个统一的群落环境。但是构成复合体的诸群落之间不仅不具有共同的环境条件,而且是以生境类型的不同为其存在前提的,一旦差异趋于一致,复合体也就消失了。

③组成镶嵌群落的不同层片或不同小群落间经常处于相互作用状态中,并且具有从属互依关系。但是复合体的构造单位之间的相互关系只出现在相邻空间的边缘,更主要的是相互替代和互相转化的关系。另外,由于种群的分布格局不同,复合体也可以分为融合型和轮廓型。

4. 斑块、廊道和本底与群落水平结构的关系

景观生态学最基本的研究方法是尺度的缩放,在把地区作为景观的尺度上(在航片和卫片的范围内的水平配置),那么从景观生态专业上讲,本底(基底)是景观中最广、连续性最好、最大的背景;当研究的尺度缩小在群落的水平上时,本底就是建群种和优势种;斑块是与周围环境在外貌或性质上都不同,但是具有一定内部均一性的空间部分,那么在群落的尺度上就是镶嵌群落(小

群聚）；廊道是指景观中与两个相邻环境不同的线性或带性结构，在群落的尺度上就是繁殖体的通道了。

4.3.3　影响群落组成和结构的因素

1. 生物因素

（1）竞争对群落结构的影响

竞争的结果使生态位分化，群落中的物种多样性增加。目前，再没有生态学家会怀疑竞争在群落结构形成中的作用了，同样也不会有人认为群落中所有物种都是由种间竞争而联结起来的。

竞争对群落结构的影响为因竞争而产生共存，例如，北美洲针叶林中的 5 种莺，因在树的不同部位取食，资源分隔，因而共存。竞争对物种组成与分布有重大影响，熊蜂群落的优势种有长吻、短吻和中长吻的种，移去一种，其余的种就扩大了资源利用范围。

（2）捕食对群落结构的影响

具有选择性的捕食者对群落结构的影响与泛化捕食者不同。如果被选择的喜食种是优势种，则捕食能提高多样性。例如，潮间带常见的滨螺（*Littorina littorea*）是捕食者，吃很多藻类，尤其喜食小型绿藻——浒苔（*Enteromorpha*），图 4-10 表示随着滨螺捕食压力的增加，藻类种数也增加，捕食作用提高了物种多样性，其原因是滨螺把竞争力强的浒苔的生物量大大压低了。也就是说，如果没有滨螺，浒苔占了优势，藻类多样性就会降低。但是，如果捕食者喜食的是竞争上占劣势的种类，则结果相反，捕食降低了多样性。

Paine（1966）在岩底潮间带群落中去除海星的试验，是顶极食肉动物对群落影响的首次试验研究。图 4-11 表示该群落中一些重要的种类及其食物联系，海星以藤壶、贻贝、帽贝、石鳖等为食。Paine 在 8m 长、2m 宽的试验样地中连续数年把所有海星都去除，结果几个月后，样地中藤壶成了优势种，以后藤壶又被贻贝所排挤,贻贝成为优势种,变成"单种养殖"(monoculture)地。这个试验证明了顶极食肉动物成为决定群落结构的关键种(keystone species)。

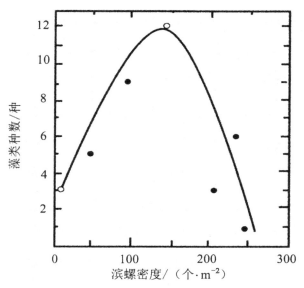

图 4-10　藻类种数与滨螺密度的关系

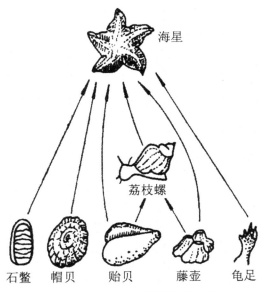

图 4-11　Paine 的岩石海岸群落

特化的捕食者,尤其是单食性的捕食者,很容易控制被食的物种,常常成为生物防治的理想对象。当其被食者成为群落中的优势种时,引进这种特化捕食者能获得非常有效的生物防治效果。例如,仙人掌(*Opuntia*)被引入澳大利亚后成为一大危害,大量有用土地被仙人掌所覆盖。在1925年引入其特化的捕食蛾(*Chctoblastic cactorum*)后才使危害得到控制。

寄生生物和病菌对群落结构的影响通常在它们发生时才可显示出来。例如,由于疟疾、禽痘等对鸟类致病的病原体被偶然带入夏威夷群岛,当地接近一半的鸟类死亡。

2.干扰对群落结构的影响

干扰(disturbance,或译扰动)是自然界的普遍现象,就其字面含义而言,是指平静的中断,正常过程被打扰或妨碍。

干扰造成群落断层,如大风、砍伐、火烧、放牧等会形成斑块大小不一的林窗。断层抽彩式竞争(competive lottery)会被周围群落的种入侵而成为优势种,而哪一种能成为优势种完全取决于随机因素,称为对断层的抽彩式竞争。断层与小演替有密切的关系,先锋种的入侵会促进演替中期种的入侵,小演替各阶段的种类较多。断层形成的频率影响物种的多样性。

干扰对群落中不同层和不同层片的影响是不同的。例如,一块云杉林在一次雪崩后40年内再未受到干扰,乔木层盖度稳步上升,林下禾草在干扰后前5年内盖度增加,随后逐渐减少,林下杂草盖度在干扰后很快降低,如图4-12所示。另一块云杉林第一次雪崩干扰后每5年遇雪崩一次,在相同的40年中,各层盖度与不受干扰地段显现出很大的差异,如图4-13所示。

3.空间异质特征与群落结构

群落的环境不是均匀一致的,空间异质性的程度越高,意味着有更加多样的小生境,所以允许更多的物种共存。

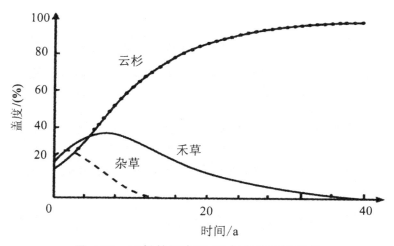

图 4-12 云杉林雪崩后 40 年内未受到干扰

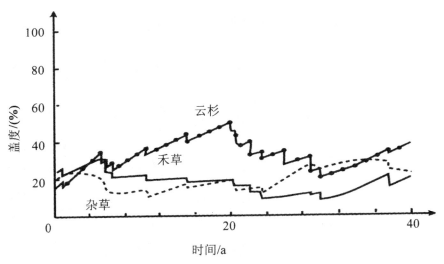

图 4-13 雪崩对另一块云杉林层盖度的影响

（1）非生物环境的空间异质性

Harman 研究了淡水软体动物与空间异质性的相关程度，他以水体底质的类型数作为空间异质性的指标，得到了正的相关关系，即底质类型越多，淡水软体动物种数越多。植物群落研究的大量资料说明，在土壤和地形变化频繁的地段群落含有更多的植物种,而平坦同质土壤的群落多样性低。

(2)生物空间异质性

R. H. MacArthur 等曾研究鸟类多样性与植物的物种多样性和取食高度多样性之间的关系。取食高度多样性是对植物垂直分布中分层和均匀性的测度。层次多,各层次具有更茂密的枝叶表示取食高度多样性高。研究结果发现鸟类多样性与植物种数的相关程度,不如与取食高度多样性相关紧密。对于鸟类生活,植被的分层结构比物种组成更为重要。因此根据森林层次和各层枝叶茂盛度来预测鸟类多样性是有可能的。

在草地和灌丛群落中垂直结构对鸟类多样性就不如森林群落重要,而水平结构,即镶嵌性或斑块性就可能起决定作用。

4.4   生物群落的动态

4.4.1   昼夜活动节律

动物并不是每天 24h 都在连续进行活动。大多数鸟类,在白天特别活跃,称为昼行性动物。另一些动物,如蝙蝠和许多其他哺乳类,只有夜间活动,称为夜行性动物。还有一些动物(果蝇),只在拂晓或黄昏时活动,称为晓暮行性动物。

几乎所有的生物都有上述的昼夜活动节律。这种同地球 24h 自转相适应的、有规律的节奏,就叫时辰节律。时辰节律也表现在代谢、细胞分裂、生长、心脏跳动、光合作用、细胞酶活动和其他一系列活动方面。其中一个最突出的时辰节律就是湖泊中浮游生物的垂直分布。淡水藻类在阳光照射下,在水的表面进行光合作用。中午阳光最强时,许多浮游动物就沉到水的深处。当黑夜来临时,这些浮游动物又洄游到水的上层来吃浮游植物或彼此互相为食。到了太阳上升时,它们又下沉到底层。垂直洄游的距离随种类而异,原生动物只上升几厘米,而大型动物可能上升数米。

海洋浮游动物的垂直洄游也是一样。这种现象曾经迷惑过一些海洋学家。在海洋深处,由于大量的浮游动物和鱼群构成了一个分散层,使得船上放出的超声探深仪失去作用,误把分散层的回波当成了海底回波。

大多数磷虾都有上下迁移的习性,每天垂直迁移达 100m 以上。磷虾的迁移与光强度密切相关,夜晚黑暗降临时游到海水的表层,白天则游向海水深层。这种迁移节律全年如此,夏季时,磷虾在表层水中停留的时间最短。磷虾向上迁移时的速率为 90m/h,向下迁移时的速率可达 130m/h,如图 4-14 所示。

图 4-14　一种磷虾在苏格兰沿岸的日垂直
迁移(引自 Mauchline and Fisher,1969)

4.4.2　季节动态

群落随着季节的更替而呈现出明显的变化,因此任何群落的结构都是随着时间而改变的。陆生植物的开花具有明显的季节性,各种植物的开花时间和开花期的长短有很大不同。在湿地热带雨林中有季节落叶现象,但是不像在旱地阔叶林那样明显。热带雨林的落叶情况依树种而不同,一般来说,上层树种有较明显的季节性落叶和长叶现象,下层树种季节性表现不明显,而是全年陆续不断有旧叶脱落和新叶萌发。动物也同样有周期活动,青蛙、刺猬和蝙蝠到冬季就进行冬眠,春天来了苏醒过来。浮游生物的数量变动也按周期上下波动。

传粉动物同样具有季节性,植物的花朵常常要依靠动物来传粉,因此植物和传粉动物之间的协同进化过程也决定着群落的季节性。植物以花粉和花蜜为动物提供食物,而传粉动物则通过传粉促进植物的异形杂交(远交),使各种遗传物质得到融合,如图4-15所示。植物的开花时间是在各种植物争夺传粉动物的自然选择压力下形成的。植物在进化过程中形成一定的开花期,有利于增加它们异花授粉的机会,同时减弱了植物之间为争夺传粉动物而进行的竞争。

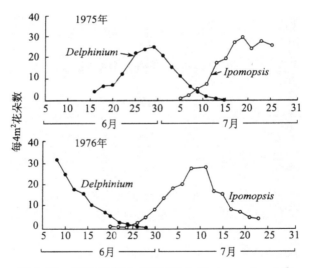

图 4-15 两种多年生植物(*Delphinium nelsoni* 和 *Ipomopsis aggregata*)的开花物候学(仿 Waser,1978)

在湿地热带雨林中,树木的开花也有两种类型。长时间开花的树种大约占40%,开花期平均为5~6个月;季节性开花的树种大约占 60％,平均开花期为 6～7 周。在旱地森林中,开花主要集中在旱季。旱地森林大约只有 10％的树种是长时间开花树种,季节性开花树种共有 59 种,它们集中在旱季陆陆续续地开花。

　　草原生物的季节变化就是一个例子,草甸草原 4 月初至 5 月末的开花季相如图 4-16 所示。我国北方羊草草原一般 5 月初植物萌动返青,7 月开花结实,8 月中旬地上生物量达到高峰值,9 月下旬植物地上部分枯黄并停止生长。

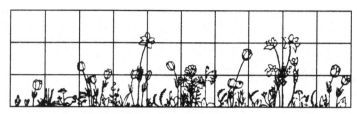

(a)4月初由苔草和伸展白头翁构成的棕色季相

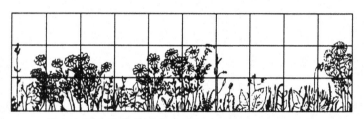

(b)4月末由侧金盏花构成黄色季相，点缀着淡蓝色的风信子

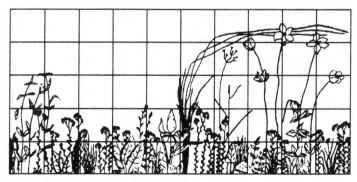

(c)5月末由勿忘草构成的蓝色季相，夹杂着白色的银莲花和黄色的千里光

图 4-16　草甸草原从 4 月初到 5 月末的季相变化(引自 Waher,1968)

4.4.3　年变化

在不同年度之间,生物群落常有明显的变动。这种变化反映了群落内部的变化,不产生群落的更替现象,一般称为波动(fluctuation)。

不同的生物群落具有不同的波动性特点。一般来说,本来植物占优势的群落较草本植物稳定一些;常绿阔叶林要比落叶阔叶林稳定一些。在一个群落内部,许多定性特征(如物种组成、种间关系、分层现象等)较定量特征(如密度、盖度、生物量等)稳定一些;成熟的群落较之发育中的群落稳定。

不同的气候带内,群落的波动性不同,环境条件越是严酷,群落的波动性越大。例如,我国北方较湿润的草甸草原地上产量的年度波动为 20%,典型草原达 40%,干旱的荒漠达 50%。不但产量存在年际波动,而且物种组成也存在年际变化。

这时需要指出的是,虽然群落的波动具有可逆性,但这种可逆是不完全的。一个生物群落经过波动之后的复原,通常不是完全地恢复到原来的状态,而只是向平衡状态靠近。群落中各种生物生命活动的产物总有一个积累过程,土壤就是这些产物的一个主要积累场所。

4.4.4　演替

演替的定义有广义和狭义之分,广义上的演替是指植物群落随时间变化的生态过程,狭义上的演替是指在一定地段上群落由一个类型变为另一类型的质变以及有顺序的演变过程。

1.演替顶级

演替就是在地表上同一地段顺序地分布着各种植物群落的时间过程。任何一类演替都经过迁移、定居、群聚、竞争、反应、稳定 6 个阶段。到达稳定阶段的植被,就是和当地气候条件保持协调和平衡的植被。这是演替的终点,这个终点就称为顶级群落(climax)。

在一个气候区内,除了气候顶级之外,还会出现一些由于地形、土壤或人为等因素所决定的稳定群落。例如,内蒙古高原典型草原气候区的气候顶级是大针茅草原,但松厚土壤上的羊草草原是在大针茅草原之前出现的一个比较稳定的阶段,我们称为亚顶级。

在美国东部的气候顶级是夏绿阔叶林,但因常受火烧而长期保留在松林阶段。再如内蒙古高原的典型草原,由于过度放牧的结果,使其长期停留在冷蒿阶段。我们称为偏途顶级或干扰顶级。

无论哪种形式的前顶级,如果给予时间,都可能发展为气候顶级。

在自然状态下,演替总是向前发展的,我们称为正向演替;如果向着越来越差的方向发展,我们称为逆向演替,如图 4-17 所示。由于载畜量过大,牛羊的采食量长期超过生态系统的净初级生产

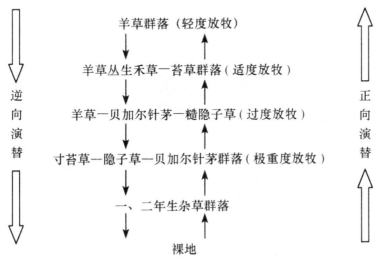

图 4-17 呼伦贝尔地区羊草群落的演替

量,这时将发生逆向演替。例如,以羊草为主的草甸草原过度放牧以后,由于家畜的频繁啃食,优质的羊草及豆科草丧失繁殖能力,从草原中消失。再继续放牧,一、二年生的杂草和家畜不喜欢啃食的草本大量繁衍。由于载畜量过大,土壤因家畜的反复践踏而板结,微生物因缺 O_2 而受到抑制,牧草高度降低,草被稀疏,草原沙化。如果停止放牧,草原得以休养生息,逆向演替将转变为正向演替。

2. 演替中的物种取代和群落更新

很多陆地植物群落演替的趋势是逐渐占有优势的树种越长越高,从而增加树冠层的高度,使被遮盖在下面的下木层植物不得不在低光照的条件下生长。早期演替物种通常比顶级群落物种所生产的种子要多得多和小得多,这些种子萌发产生的幼苗在阳光充分照耀下具有很大的生长潜力。在弃耕农田发生的次生演替过程往往是一个迅速的物种取代过程,在演替的前 1~2 年,通常一年生植物占有优势,但很快它们就会被更长寿的植物所取代。表 4-6 所示为弃耕农田的演替系列,说明随着弃耕时间的延长,田中的优势植物不断变化,最初是马唐草,后来被飞篷草取代,5 年后短叶松成为优势植物,50 年后变为硬木林。

表 4-6　弃耕农田的演替系列

弃耕年数	优势植物	其他常见植物
0~1	马唐草	
1	飞篷草	豚草
2	紫菀	豚草
3	须芒草	
5~10	短叶松	火炬松
50~150	硬木林	山核桃

随着陆地植物群落的演替,栖居其中的动物也会发生相应的变化,图 4-18 显示动物随针叶林群落的演替而发生的变化。

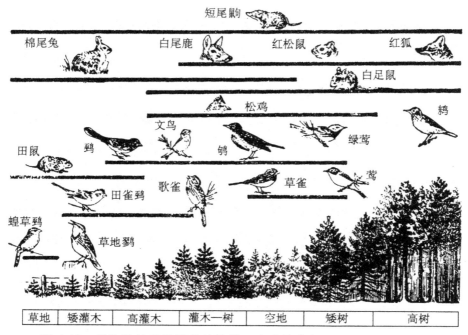

图 4-18　动物随针叶林群落的演替而发生的变化（引自 Smith，1980）

　　群落的更新主要通过建群种的更新实现，这种更新以个体冗余补充为主，更新的结果是同种或不同种新老个体的更替，这个过程是以不影响群落的结构和性质为标志的。植物群落的更新是比植物群落演替的时空范围要小的动态过程，它不是一个群落取代另一个群落的过程，而是同一种群或相似种群间的更替，其结果并不会引起群落总体结构和性质的改变。

4.5　生物群落的分类与排序

4.5.1　生物群落的分类

　　不管哪一种分类，其实质都是对所研究的群落按其属性、数据所反映的相似关系而进行分组,使同组的群落尽量相似,不同组的群落尽量相异。通过分类研究,可以加深认识群落自身固有的特性及其形成条件之间的相关关系。

1. 中国植被分类

中国植被主要分类单位分三级:植被型(高级单位)、群系(中级单位)和群丛(基本单位)。每一等级之上和之下又各设一个辅助单位和补充单位。其系统如下:

(1)植被型组(vegetation type group)

植被型组为最高级分类单位。凡建群种生活型相近因而群落外貌相似的植物群落联合为植被型组,如针叶林、阔叶林、荒漠和沼泽等。

全国共分划出 11 个植被型组,它们主要是根据群落外貌划分的,如针叶林或阔叶林都由中生乔木组成,它们不但在生长季节各自具有相似的外貌,而且基本上都分布在湿润地区。

荒漠以其地上部分稀疏、不郁闭而具有相似的外貌,同时又为干旱地区所特有。沼泽与水分过多这一特别生境条件紧密相关。但是同一植被型在所包括的各类型之间,对水、热条件的生态关系并不十分一致,如针叶林,在我国从寒温带一直分布到热带,尽管都分布在湿润地区,但对热量条件要求是非常不同的。因此在同一植被型组内,可存在适应途径各异的植物群落。

植被型组

  植被型……建群种的生活型相同

    植被亚型

      群系组

        群系……建群种相同

          亚群系

            群丛组

              群丛……各层的优势种相同

                亚群丛

（2）植被型（vegetation type）

在植被型内，建群种生活型（一级或二级）相同或相似，同时对水、热生态关系一致的植物群落联合为植被型，如寒温性针叶林、落叶阔叶林、常绿阔叶林、草原等。

建群种生活型相同或相似，反映了群落过程中对环境条件适应途径的一致，即其生态幅度和适应范围一致。就地带性植被而言，植被型是一定气候区域的产物（与气候相适应的气候顶级性植被—地带性植被）；就非地带性植被而言，它是一定的特殊生境的产物。据此确定植被型大致有相似的结构、相似的生态性质以及相似的发生和历史，从而在生态系统中具有相似的能量流动与物质循环特点。

（3）植被亚型（vegetation subtype）

植被亚型为植被型的辅助单位，在植被型内根据优势层片或指示层片的差异，进一步划分亚型。这种层片结构的差异，一般是由气候亚带的差异或一定的地貌、基质条件的差异引起的。例如，落叶阔叶林分出三个亚型：一是典型落叶阔叶林，以温性落叶乔木层片占绝对优势，为温带湿润地区的地带性代表类型；二是含常绿树种的落叶阔叶林，乔木层中除占优势的落叶阔叶乔木层外，出现了具有指示意义的常绿阔叶乔木层片，是温带与亚热带之间的过渡类型；三是荒漠河岸阔叶林，以耐盐，耐大气干旱的潜水旱中生落叶乔木层片占优势。又如，温带草原可分为三个亚型：草甸草原（半湿润）、典型草原（半干旱）和荒漠草原。

（4）群系组（formation group）

在植被型或亚型范围内，群系组是根据建群种亲缘关系相近（同属或相近的属）、生活型（三或四级）相近或生境相近而划分的。同一群系组的群系，其生态特点一定是相似的。例如，温性常绿阔叶林可分为栲类林、青冈林、石栎林、润楠林和木荷林等群系组；草原可以分出丛生禾草草原、根茎禾草草原、小半灌木草原等群系组；温性落叶阔叶灌丛可以分出山地旱生灌丛、山地中生灌丛、河谷灌丛、沙丘灌丛和盐生灌丛等群系组。

（5）群系（formation）

凡是建群种或共建种相同（在热带或亚热带有时标志是种相同）的植物群落联合为群系，如兴安落叶松林（*Larix gmelini*）、大针茅（*Stipa grandis*）草原、羊草草原（Aneuloepidium）、红砂（Reaumuria soongorica）荒漠和芨芨草（Achnatherum）草甸等。

（6）亚群系

生态幅度比较广的群系内，根据次优势层及其种组所反映的生境条件的差异（这种差异超出植被亚型的范围）而划分亚群系，如羊草草原，可以分出羊草—中生杂类草、羊草—丛生禾草、羊草—盐中生杂类草三个亚群系。对大多数群系来讲，并不需要划分亚群系。

（7）群丛组

凡是层片结构相似，而且优势层片与次优势层片的优势种或共优种相同的植物群落联合为群丛组，如在羊草＋丛生禾草亚群系中，羊草＋大针茅草原和羊草＋丛生小禾草（糙隐子草）就是两个不同的群丛组。

（8）群丛

群丛是植物群落的分类基本单位（相当于植物分类中的种）。凡属于同一群丛的各个植物群落，在群落的种类组成方面应具有共同的正常成分，即标志群丛的共同植物种类；群落的结构和生态特征相同，反映在层片配置相同，季相变化生态外貌相同，以及处在更为相似的生境中，在群落动态方面，则是处于相同的演替阶段，具有相似的演替趋势。

（9）亚群丛

在群丛范围内，由于生态条件的某些差异，或因发育年龄上的差异，往往不可避免地在区系成分、层片配置、动态变化等方面出现若干细微的变化。亚群丛就是来反映这种群丛内部的分化和差异的，是群丛内部的生态—动态变型。

　　根据上述分类系统和各级分类单位划分标准,中国植被分为11个植被型组、29个植被型,共包括550多个群系。群系以下的单位留待各地区进一步划分。

　　我国幅员广阔,自然条件和植物种类都极为丰富和复杂,植被类型因而也就非常多样。目前所采用的分类原则是综合性的,各级单位和系统虽可与国际上相同的单位对应,但仍有其本身的特点。

2.法瑞学派群落分类

　　法瑞学派群落分类是群落分类中的归并法,法国蒙伯利埃(Montpllier)大学 Braun-Blanquet 于 1928 年提出植物区系—结构分类系统,被称为群落分类中的归并法,是影响比较大而且在西欧和某些其他国家被广泛承认和采用的一个系统。该系统的特点是以植物区系为基础,从基本分类单位到最高级单位,都是以群落的种类组成为依据,如表 4-7 所示。它的分类过程是通过排列群丛表(association table)来实现的,首先在野外做大量的样方,样方数据取多度—盖度和群集度,然后通过排表,找出特征种、区别种,从而达到分类的目的。

表 4-7　J.Braun-Blanquet 分类系统的等级和命名

分类等级	字尾	例子
群丛门 division	-ea	Querco-Fagea
群丛纲 class	-etea	Querco-Fagetea
群丛目 order	-etalia	Fagetalia
群丛属 alllance	inn	Fagion
亚群丛属 suballiance	Enion(-esion)	Galio-Fgenion
群丛 association	-etum	Fagetum
亚群丛 subassociation	-etosum	Allietosum

分类等级	字尾	例子
群丛变型 variant	—	Athyrium-Var
亚群丛变型 subvanriant	—	Bromus-Subvar
群丛相 facies	—	Mercuiahs-Facies

群丛纲、群丛目、群丛属的确切定义还不大一致,但相同的群丛纲、群丛目、群丛属应具有类似的特征种和区别种。

群丛是具有一个或较多个特征种的基本单位。近年来的发展趋势是用区别种来区别群丛。

3.英美学派群落分类

Clements(美国)坚持主张:群落之间的动态关系,必须从一开始就予以考虑,从发展上看,这些群落是相关联的,他认为,这有几分像昆虫的幼虫、蛹和成虫的关系一样。因为主要植被类型原本就处于演替顶级的状态之中。然而在其他地区,植被已遭受到人类活动的强烈干扰,使原来的顶级模式已不复存在,现在研究时,可以利用的全部内容是偏途顶级或者是次生群落。在不少地区,作为参考地点的原生植物片段是可以利用的,以便根据顶级的部分潜力把受到干扰的、变化多端的那些演替系列的群落理出一条线索来。

英美学派的群落分类是根据群落动态发生演替原则的概念来进行群落分类的,称为动态分类系统(dynamic classification),代表人物是 Clements 和 Tansley,他们对顶级群落和未达到顶级的演替系列群落,在分类时处理的方法是不同的,建立了两个平行的分类系统,如表 4-8 所示。

表 4-8　英美学派的分类系统

顶级群落（climax）系统	演替系列（series）系统
群系型（formation type）	
群系（association）	
群丛（association）	演替系列群丛（associes）
单优种群丛（consociation）	演替系列单优种群丛（consocies）
群丛相（facition）	演替系列群丛相（facies）
组合（society）	演替系列组合（socies）
集团（clan）	集群（colony）
季相（aspect）	季相（aspect）
层（laver）	层（layer）

4. 美国 FGDC 植被分类系统

美国国家地理数据委员会（federal geographic data committee）为了在全国水平上获得一致的植物资源数据，以便准确地比较、集成并将在野外水平上支持定量的植被建模、制图与分析，于 1996 年制定了一个植被分类系统和植被信息标准，并建立了通用的植被数据库。该分类系统所遵循的原则是大面积适用；与地球覆盖、土地覆盖其他的分类系统一致；避免概念冲突；分类的应用前后一致并可重复；采用普通术语，避免难懂的行话；分类单位边界明确；分类系统是动态的，能容纳附加信息；反映现实植被生长季节的状态；为等级系统，高级单位反映少量的一般类型，较低级单位反映大量的详细类型；高级分类单位以外貌即生活型、盖度、结构、叶型为划分基础，生活型指乔木、灌木、草本等；低级分类单位以实际种类组成为基础进行划分，数据必须用标准取样法在野外获取，如表 4-9 所示。

表 4-9 美国国家植被分类系统

水平	等级序列
区域水平	目 order
	纲 class
	亚纲 subclass
外貌水平	群 group
	亚群 subgroup
	群系 formation
植物区系水平	群属 alliance
	群丛 association

引自 FGDC,1996。

4.5.2 排序

1.定义

排序就是把一个地区内所调查的群落样地,按照相似度来排定样地的位序,从而分析各样地之间以及生境之间的相互关系。排序尽量用二维、三维的图形表示实体,以便直观了解实体点的排列。但要注意降维引起的信息损失,即最小畸变的发生。

2.排序的方法

排序可以显示实体在属性空间中位置的相对关系和变化趋势。如果它们构成分离的若干点集,可以达到分类的目的;如果用物种组成数据和环境因素数据排序同一实体,可以揭示物种与环境的关系;排序结合其他生态技术,还可研究群落演替过程。有两类排序方法:①直接排序(direct ordination),它以群落生境或其中某一生态因子的变化排定样地生境的位序；②间接排序（indirect ordination），它是用群落本身属性（如种的出现与否、种的频度、盖度等）排定样地的位序，它的特点是通过分析物种及其群落自身特征对环境的反应而求得其在一定环境梯度上的排序和分类。下面介绍主分量分析等有关的间接梯度分析法。

　　主分量（主成分）分析（principal component analysis）：它是指将一个综合考虑许多性状（如 p 个）的问题（p 个属性就是 p 维空间），在尽量少损失原有信息的前提下，找出 1～3 个主分量，然后将各个实体在一个二维或三维的空间中表示出来，从而达到直观明了地排序实体的目的的排序方法。图 4-19 所示为内蒙古呼盟羊草草原 40 个样方的二维排序。

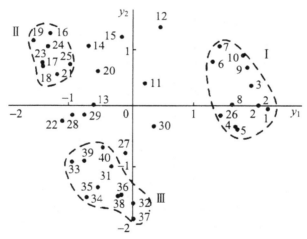

图 4-19　内蒙古呼盟羊草草原 40 个样方的二维排序（引自阳含熙和卢泽愚，1983）

　　极点排序法（polar ordination）：它是由美国 Wisconsin 学派创立，称为 Bray-Curtis 方法（BC 法），20 世纪 50 年代广泛应用。

　　无倾向（消拱）对应分析法（Detrended Correspondence Analysis，DCA）：它克服了普通对应分析、主分量分析中的拱形（马蹄形）现象，有利于从群落数据中提取由真实环境因子变化而引起的群落结构变化。如图 4-20 所示，天山山脉中段山地植物群落在

DCA 排序下,沿湿度梯度和热量梯度两个方向,清晰地显示出一个中心两个极点的分布模式。

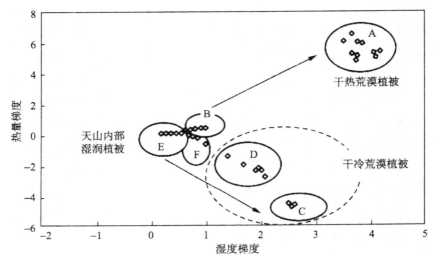

图 4-20　天山山脉中段植物群落的 DCA
二维分布图(引自牛翠娟等,2007)

Whittaker 排序法:它适用于植被变化明显取决于生境因素的情况。Whittaker 沿坡向垂直方向设置一系列 50m×20m 的样带作为研究样地,将坡向从深谷到南坡分为 5 级,称为湿度梯度,然后将每一样带中的树种按对土壤湿度的适应性分为 4 个等级,对每一个等级依次指定一个数字,中生为 0、亚中生为 1、亚旱生为 2、旱生为 3。假如在某一林带内有 10 株糖槭、15 株铁杉、20 株红乐、55 株松树,则此林带的一个土壤湿度的数量指标是各数字等级的加权平均数。用这种湿度指标为横坐标,再用样带的海拔为纵坐标,将各个样带排序在一个二维图形中,如图 4-21 所示。

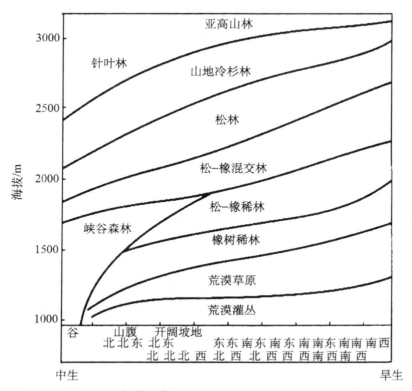

图 4-21 美国圣卡塔利拿山脉植被分布图(引自孙儒泳等,1993)

第5章 生态系统的基本功能研究

生态系统是人类生存和发展的基础。然而,自20世纪60年代以来,随着世界人口的急剧增加,全球生态环境日益恶化,人类赖以生存的"地球村"上各级各类生态系统都不同程度地受到威胁。以生态系统为中心,对地球表层各级各类生态系统进行研究,已成为现代生态学的主流和最显著的特点。本章主要介绍生态系统的基本功能,包括生态系统中的能量流动、物质循环以及信息传递。通过这些内容的学习,了解生态系统研究是现代生态学研究的主流,当前全球所面临的重大资源与环境问题的解决,都依赖于生态系统的结构与功能、多样性与稳定性以及生态系统的演替、受干扰后的恢复能力和自我调节等问题的研究。

5.1 生态系统中的能量流动

世界上的一切生命活动无不伴随着能量转化、利用和消耗,即伴随着能量流动的过程。能量是地球上生物赖以生存的一个基本要素,没有能量流动就没有生命。

5.1.1 生态系统能流研究的理论基础

生态系统作为以太阳为能量基础的系统,其能流过程严格遵守物理学中的热力学定律:热力学第一定律和热力学第二定律。

热力学第一定律:能的形式可以改变,但总能量保持不变,能量既不能凭空产生,也不能消灭,只能由一种形式的能量转变为另一种形式的能量,能量是守恒的。

热力学第二定律:任何一个断绝外界物质和能量输入的系统,总是从有序到无序,直到熵最大、最无序的状态,即热力学平衡态为止。熵是指热力体系中,不能用来做功的热能,熵的大小可用热能的变化量除以温度所得的商来表示。

热力学第一定律　　　$\Delta H = Q_p + W_p$

热力学第二定律　　　$\Delta H = \Delta G + T \Delta S$

式中,ΔH 是系统中焓的变化;Q_p、W_p 为净热、净功,它们各自独立地和外界环境发生交换;在常压下,ΔG 是系统内自由能的变化;T 是绝对温度(K);ΔS 为系统内的熵变。

5.1.2　生态系统的初级生产

1.地球上初级生产力的分布

进入生态系统的太阳能总量是巨大的,但能被生物利用的能量却很有限。其原因主要有以下几个方面。

(1)进入生物圈太阳能的分配

到达大气上界的太阳能,当太阳辐射穿过大气层时,受到大气层中各种成分的影响,一部分被返回宇宙空间,另一部分被吸收,还有一部分被散射。一部分被吸收(臭氧、水蒸气、碳酸气等),最终到达地面的太阳辐射,无论在质(光谱组成)上,还是量上,都产生了不同程度的变化(图 5-1)。

(2)进入生物群落的太阳能量的分配

进入生物群落的太阳能量主要分为两部分:一部分以热能的形式,增加地表温度和用于植物的水分蒸腾;另一部分以光能的形式,通过绿色植物的光合作用,储存于有机物,供给生态系统的异养生物作为食料而消耗(图 5-2)。

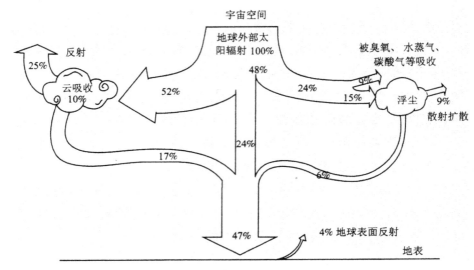

图 5-1　太阳辐射能量到达地球表面的分配示意图（Kormond, 1976）

北半球的年平均值

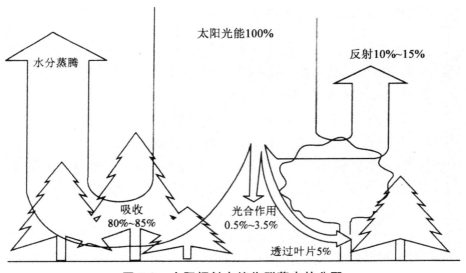

图 5-2　太阳辐射在植物群落中的分配

（3）植物对光的选择性吸收

太阳辐射到达陆地表层，数量和性质都发生很大变化，能被植物同化的能量只占很小比例。首先，大部分紫外线被臭氧、碳酸气等吸收,保护了生态系统中的生物免受伤害。到达地表的太阳辐射波长为 $0.3 \sim 10\mu m$,其中 45% 是可见光(波长 $0.38 \sim 0.76\mu m$),其余 45% 是红外线(波长大于 $0.76\mu m$),10% 是紫外线(波长小于 $0.38\mu m$)(图 5-3)。而绿色植物在光合作用中,吸收和利用可见光区的大部分太阳能(通常把这一部分辐射称为光合有效辐射或生理有效辐射)。其中,红光(波长 $0.626 \sim 0.76\mu m$)和橙光(波长 $0.595 \sim 0.626\mu m$)是叶绿素吸收最多的部分。蓝光(波长 $0.435 \sim 0.49\mu m$)和紫光(波长 $0.38 \sim 0.49\mu m$)主要被叶绿素和类胡萝卜素吸收。绿光(波长 $0.49 \sim 0.57\mu m$)很少被吸收和利用,多由绿色叶子反射掉(通常把这一部分辐射称为生理无效辐射)。红外线主要产生热效应;远红光可促进种子萌发、开花,刺激植物延伸等;红光有利于糖的形成;蓝光有利于蛋白质的合成;蓝紫光与青光对植物伸长有抑制作用,使植物矮化。大量的紫外光能使植物致死,波长在 $0.36\mu m$ 具有杀菌的作用。由此可见,太阳辐射可见光部分是绿色植物进行光合作用不可缺少的,同样不可见光对植物的生长发育的影响也是多方面的,生态系统的能量流动就是从绿色植物通过光合作用对太阳能固定开始的。

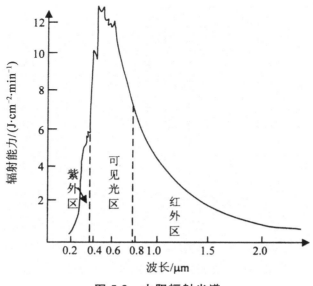

图 5-3　太阳辐射光谱

2.初级生产的生产效率

对初级生产的生产效率的估计,可以以一个最适条件下的光合效率为例(表5-1),如在热带一个无云的白天,或温带仲夏的一天,太阳辐射的最大输入量可达 $2.9 \times 10^7 J \cdot m^{-2} \cdot d^{-1}$。扣除55%属紫外和红外辐射的能量,再减去一部分被反射的能量,真正能为光合作用所利用的就只占辐射能的40.5%,再除去非活性吸收和不稳定的中间产物,能形成糖的约为 $2.7 \times 10^6 J \cdot m^{-2} \cdot d^{-1}$,相当于 $120g \cdot m^{-2} \cdot d^{-1}$ 的有机物质,这是最大光合效率的估计值,约占总辐射能的9%。但实际测定的最大光合效率的值只有 $54g \cdot m^{-2} \cdot d^{-1}$,接近理论值的1/2,大多数生态系统的净初级生产量的实测值都远远较此值低。由此可见,净初级生产力不是受光合作用固有的转化光能的能力所限制,而是受其他生态因素所限制。

表5-1　最适条件下初级生产的效率估计(引自 McNaughton & Wolf,1979)

能量/($J \cdot m^{-2} \cdot d^{-1}$)				百分率/(%)	
	输入		损失	输入	损失
日光能	2.9×10^7			100	
可见光	1.3×10^7	可见光以外	1.6×10^7	45	55
被吸收	9.9×10^6	反射	1.3×10^6	40.5	4.5
光化中间产物	8.0×10^6	非活性吸收	3.4×10^6	28.4	12.1
糖类	2.7×10^6	不稳定中间产物	5.4×10^6	$9.1(=P_g)$	19.3
净生产量	2.0×10^6	呼吸消耗	6.7×10^6	$6.8(=P_n)$	$2.3(=R)$
约为	$120g \cdot m^{-2} \cdot d^{-1}$			实测最大值为3%	

表5-2为两个陆地生态系统和两个水域生态系统的初级生产效率的研究实例。人工栽培的玉米田的日光能利用效率为1.6%,呼吸消耗约占总初级生产量的23.4%;荒地的日光能利用效率(1.2%)比玉米田低,但其呼吸消耗(15.1%)也低。虽然荒地的总初级生产效率比人类经营的玉米田低,但是它把总初级生

产量转化为净初级生产量的比例却比较高。

表 5-2　4 个生态系统的初级生产效率的比较

	玉米田	荒地	Meadota 湖	Geder Bog 湖
总初级生产量/总入射日光能	1.6%	1.2%	0.40%	0.10%
呼吸消耗/总初级生产量	23.4%	15.1%	22.3%	21.0%
净初级生产量/总初级生产量	76.6%	84.9%	77.7%	79.0%

　　两个湖泊生态系统的总初级生产效率(分别为 0.10% 和 0.40%)要比两个陆地生态系统(分别为 1.2% 和 1.6%)低得多,这种差别主要是因为入射日光能是按到达湖面的入射量计算的,当日光穿过水层到达实际进行光合作用地点的时候,已经损失了相当大的一部分能量。因此,两个湖泊生态系统的实际总初级生产效率应当比 Lindeman 所计算的高,应当是 1%~3%。另一方面,两个湖泊中植物的呼吸消耗(分别占总初级生产量的 21.0% 和 22.3%)和玉米田(23.4%)大致相等,但却明显高于荒地(15.1%)。

3.初级生产量的限制因素

　　影响生态系统初级生产量的因素很多,如光照、温度、生长期的长短、水分供应状况、可吸收矿物养分的多少和动物采食情况等。

　　(1)陆地生态系统的限制因素

　　光、CO_2、水和营养物质是初级生产量的基本资源,温度和氧气是影响光合效率的主要因素。而食草动物的捕食则减少光合作用生物量,如图 5-4 所示。

　　植物群落生产量归根结底是受太阳入射光辐射总量所决定的,但群落利用光辐射是不充分的。一般情况下,植物有足够的可利用的光辐射,但并不是说光辐射不会成为限制因素,例如冠层下的叶子接受光辐射可能不足,白天中有时光辐射低于最适光合强度,对 C_4 植物可能达不到光辐射的饱和强度。

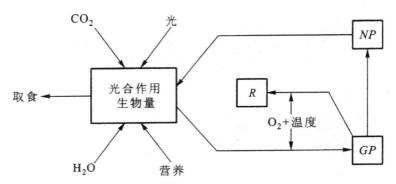

图 5-4　初级生产量的限制因素图解（仿 McNaughton，1973）

　　Kira(1975)总结了不同类型森林生态系统的初级生产量。图 5-5 表示日本 5 种生长型森林生态系统 258 个林地的初级生产量。各种森林类型的初级生产量变化很大，其中常绿阔叶林的初

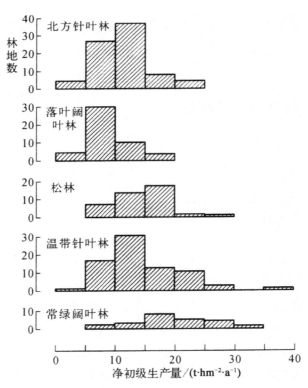

图 5-5　不同森林类型的初级生产量（仿 Kira，1975）

级生产量在生产林中是最高的。一般来说,在气候条件相同的情况下,不同森林之间生产力的差异主要归因于生长季节长度的变化和叶面积指数的变化。针叶林比落叶林生产力高,主要原因是针叶林比落叶林的叶面积大。

草地的初级生产量主要取决于草原的 C_3 植物和 C_4 植物相对量的大小,C_3 植物初级生产量与温度密切相关,而且温度越高,其生产力就越低(Epsteinetal,1977),C_4 植物的生产量主要与降雨量有关,而且降雨越多,生产量越高,这说明在草原生态系统中,温度和湿度是初级生产的主要限制因素。其次与土壤类型以及土壤含水量和养分等有关。营养物质是植物生产力的基本资源,最重要的是 N、P、K。

(2)水生生态系统的限制因素

光是影响水体(海洋、湖泊)生态系统的最重要因子,光在海洋、湖泊中穿透深度对初级生产量大小的影响是很大的。水极易吸收太阳辐射,在距水面以下不远处,便有一半的太阳辐射被吸收(几乎包括所有的外光能),即便是在很清澈的水域中,也只有 $5\% \sim 10\%$ 的光可以照射到 20m 深处。一般情况下,随着水深增加,光衰减得越快,但光强度过高也会限制绿色植物的光合作用。

在海洋生态系统中,光是限制其初级生产量的主要因子。美国生态学家 J. H. Ryther(1956)提出预测海洋初级生产量的公式:

$$P = \frac{R}{k} \cdot C \times 3.7$$

式中,P 为浮游植物的净初级生产量,单位为 $gC \cdot m^{-2} \cdot d^{-1}$;$R$ 为相对光合率;k 为光强度随水深度而减弱的消退系数;C 为水中的叶绿素含量,单位为 $g \cdot m^{-3}$。

这个公式表明,海洋浮游植物的净初级生产量取决于太阳的日辐射总量、水中的叶绿素含量和光强度随水深度而减弱的消退系数。从两极到热带,光辐射总量的变化是很大的,图 5-6 表明在不同季节各纬度带海洋的潜在初级生产量。太阳光辐射总量能够提供潜在的初级生产量的估计值,热带和亚热带海洋应具有最高的初级生产量。极地海洋冬季的光辐射是初级生产量的限制因子。

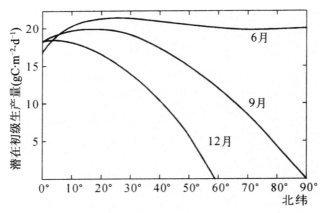

图 5-6   不同季节各纬度带海洋的潜在初级生产量(仿 Krebs,1978)

5. 1. 3   生态系统的次级生产

次级生产(secondary production)是指初级生产者以外的其他有机体的生产,即消费者和分解者利用初级生产量,经过同化作用,建造自身,用以生长、繁殖和进行其他生命活动的过程。由于这类生产在生态系统中是第二次的物质生产和能量固定,所以叫第二性生产。

1. 次级生产过程

净初级生产量是生产者以上各营养级所需能量的唯一来源。从理论上讲,净初级生产量可以全部被异养生物所利用,转化为次级生产量。但实际上,任何一个生态系统中的净初级生产量都可能流失到这个生态系统以外的地方。次级生产过程概括于图5-7 中。

图 5-7 可应用于任何一种动物,包括食草动物和食肉动物。

食肉动物捕到猎物后往往不是全部吃掉,而是剩下毛皮、骨头和内脏等。所以能量从一个营养级传递到下一个营养级时往往损失很大。对一个动物种群来说,其能量收支情况可以用下列公式表示:

$$C = A + FU$$

式中,C 为动物从外界摄食的能量,J;A 为被同化能量,J;FU 为粪、尿能量,J。

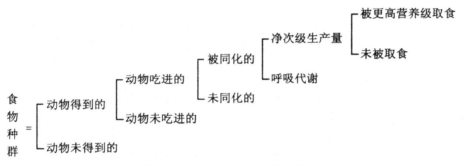

图 5-7　次级生产过程普适模型

同化量 A 可分解为:

$$A = P + R$$

式中,P 为净次级生产量,J;R 为呼吸能量,J。

综合上述两式可以得到:

$$P = C - FU - R$$

2. 次级生产量的测定

按同化量和呼吸量估计生产量,即 $P = A - R$;按摄食量扣除粪尿量估计同化量,即 $A = C - FU$。

测定动物摄食量可在实验室内或野外进行,按 24h 的饲养投放食物量减去剩余量求得。摄食食物的热量用热量计测定。在测定摄食量的试验中,同时可测定粪尿量。用呼吸仪测定耗 O_2 量或 CO_2 排出量,转为热量,即呼吸能量。上述的测定通常在个体的水平上进行,因此,要与种群数量、性比、年龄结构等特征结合起来,才能估计出动物种群的净生产量。

测定次级生产量的另一途径:

$$P=P_g+P_r$$

式中,P_r 为生殖后代的生产量;P_g 为个体增重的部分。

图 5-8 说明了利用种群个体生长和出生的资料来计算动物的净生产量。在这个假想的种群中,净生产量等于种群中个体的生长和出生之和:

净生产量＝生长＋出生＋减重

＝20＋10＋10＋10＋10＋30－10－10

＝70(生物量单位)

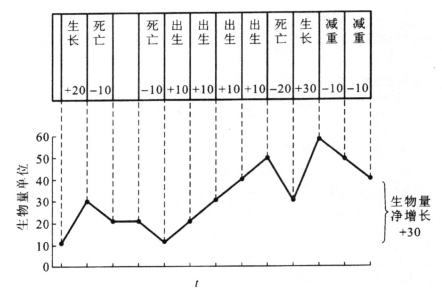

图 5-8　在一个特定时间内生物量的净变化是生长、生殖(增加)和死亡、迁出(减少)的结果(据 Krebs,1985 改绘)

此外,我们也可以用另一种方式来计算净生产量,即:净生产量＝生物量变化＋死亡损失＝30＋40＝70(生物量单位)。因为死亡和迁出是净生产量的一部分,所以不应该将其忽略不计。

5.1.4　生态系统的能量流动分析

1.生态系统的能流途径及特征

(1)生态系统的能量流动

生态系统的能量流动(energy flow)是指能量通过食物网在系统内的传递和耗散过程。生态系统的能量主要源于太阳能,它始于生产者的初级生产,止于分解者还原功能的完成,整个过程包含着能量形式的转变,能量的转移、利用和耗散(图 5-9)。

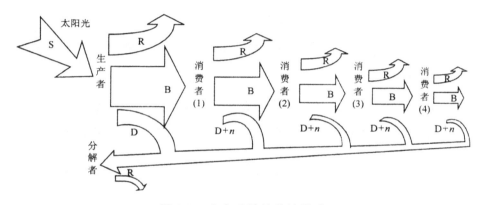

图 5-9　生态系统的能流模式

S—太阳能;R—呼吸消耗能;B—现存生物量;

D—凋落物及死有机体;D+n—粪便及死有机体

(2)生态系统的能量流动过程及能流途径

生态系统的能流途径可归纳为以下 3 方面:①转化过程:指能量沿着生产者和各级消费者的顺序流动,而且逐级减少,最终能量全部散失,归还于生物环境的过程;②腐化过程:在分解者的作用下逐级分解,最后将有机物还原为 CO_2、H_2O、无机物,所含的能量也以热能的形式散失于非生物环境;③储存过程:指生态系统中保留在活有机体及尚未分解的死有机物中的能量,可保存相当长的一段时期,但最终要腐化、还原,从而完成生态系统的能量流动过程。

（3）生态系统的能流特点

①能量流动过程是一个单向的、不可逆的过程，只能按照太阳能输入生态系统后沿着生产者、植食动物、一级食肉动物、二级食肉动物等逐级流动，是不可逆的。

②能量流动过程是一个能量不断消耗的过程，即在各营养级的转化过程中，由于呼吸作用，都有一部分能量损失，这种损失的能量以热的形式散逸到环境中。所以能量只能是一次性流经生态系统，不能再次被生产者利用而进行循环。

2. 生态系统的能量流动分析

对生态系统的能流分析可以在个体、食物链和生态系统三个层次上进行研究，所获信息可互相补充，有助于了解生态系统的整体功能。

（1）食物链层次上的能流分析

在食物链层次上进行能流分析是把每一个物种都作为能量从生产者到顶级消费者移动过程中的一个环节，当能量沿着一个食物链在几个物种间流动时，测定食物链每一个环节上的能量值，就可提供生态系统内一系列特定点上能流的详细和准确的资料。1960 年，F. B. Golley 在密歇根荒地对一个由植物、田鼠和鼬三个环节组成的食物链进行了能流分析（图 5-10）。从图中可以看到，食物链每个环节的净初级生产量（NP）只有很少一部分被利用。例如，99.7％的植物没有被田鼠利用，其中包括未被取食的（99.6％）和取食后未被消化的（0.1％），而田鼠本身又有62.8％（包括从外地迁入的个体）没有被食肉动物鼬所利用，其中包括捕食后未消化的 1.3％。能流过程中能量损失的另一个重要方面是生物的呼吸消耗（R）。植物的呼吸消耗比较少，只占总初级生产量（GP）的 15％，但田鼠和鼬的呼吸消耗相当高，分别占各自总同化能量的 97％和 98％。也就是说，被同化能量的绝大部分都以热的形式消散掉了，而只有很小一部分被转化成了净次级生产量。

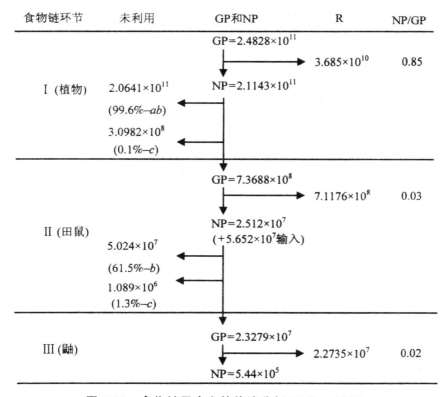

图 5-10　食物链层次上的能流分析（Golley，1960）

a—前一环节 NP 的百分比；b—未摄食量；c—未同化量（单位：$J \cdot h^{-2} \cdot a^{-1}$）

（2）生态系统层次上的能流分析

在生态系统层次上分析能量流动是把每个物种都归属于一个特定的营养级中，然后精确地测定每一个营养级能量的输入值和输出值。这种分析目前多见于水生生态系统。

1）银泉的能流分析

1957 年，Odum 对美国佛罗里达州的银泉（Silver Spring）进行了能流分析，图 5-11 是银泉的能流分析图。从图中可以看出：当能量从一个营养级流向另一个营养级时，其数量急剧减少，原因是生物呼吸的能量消耗和有相当数量的净初级生产量（57%）没有被消费者利用，而是通向分解者被分解了。由于能量在流动过程中的急剧减少,以致到第Ⅳ个营养级时能量已经很少了,该营养级只有少数的鱼和龟,它们的数量已经不足以再维持第五个营养级的存在了。如果要增加营养级的数目,则必须先增加生产者的生产量和提高 NP/GP 值,并减少通向分解者的能量。

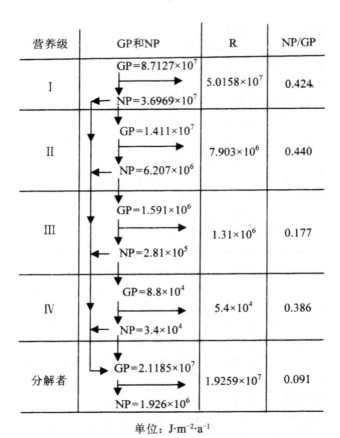

单位：J·m⁻²·a⁻¹

图 5-11　银泉生态系统能流分析（H. T. Odum,1957）

2）Cedar Bog 湖的能流分析

Cedar Bog 湖能流分析过程如图 5-12 所示。从图中可以看出,这个湖的总初级生产量是 464.7J·cm⁻²·a⁻¹,能量的固定效率大约是 0.1%。在生产者所固定的能量中有 96.3J·cm⁻²·a⁻¹是被生产者自己的呼吸代谢消耗掉了,被植食动物吃掉的只有 62.8J·cm⁻²·a⁻¹（约占净初级生产量的 17%）,被分解者分解的只有 12.5J・cm^{-2}・a^{-1}（占净初级生产量的 3.4％），其余没有被利用的净初级生产量竟多达 293.1J・cm^{-2}・a^{-1}（占净初级生产量的 79.6％），这些未被利用的生产量最终都沉到湖底形成了植物有机质沉积物。

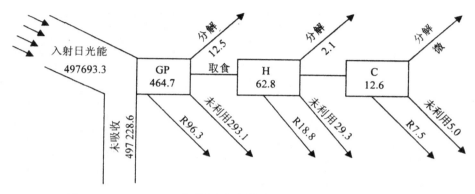

图 5-12　Cedar Bog 湖能量流动的定量分析（Lindeman，1942）

GP—总初级生产量；H—植食动物；C—肉食动物；R—呼吸量（单位：J・cm^{-2}・a^{-1}）

在被动物利用的 62.8J・cm^{-2}・a^{-1} 能量中，大约有 18.8J・cm^{-2}・a^{-1}（占植食动物次级生产量的 30％）用在植食动物自身的呼吸代谢（比植物呼吸代谢所消耗的能量百分比要高，植物为 21％）上，其余的 44J・cm^{-2}・a^{-1}（占 70.1％）从理论上讲都是可以被肉食动物所利用的，但是实际上肉食动物只利用了 12.6J・cm^{-2}・a^{-1}（占可利用量的 28.6％）。这个利用率虽然比净初级生产量的利用率要高，但还是相当低的。

3.不同生态系统能流的特点

由于对比较完整的生态系统能流的研究不多，且已有的研究又常忽视分解者亚系统，因此一些书籍对于不同生态系统能流特点的叙述是存在缺点的。图 5-13 显示 4 类生态系统能流特点的比较。

①大多数生态系统净初级生产量都要通过分解者亚系统渠道，因而呼吸消耗能量在分解者亚系统明显高于消费者。

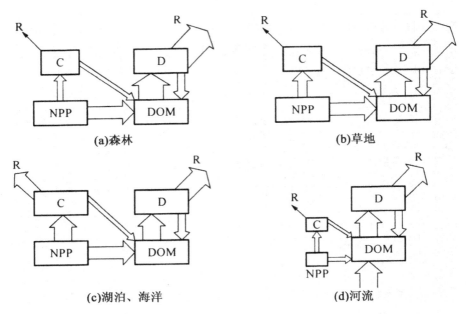

(a)森林　　　　　　　　　　(b)草地

(c)湖泊、海洋　　　　　　　(d)河流

图 5-13　不同生态系统能流特点的比较（仿 Begon，1996）

NPP—净初级生产量；DOM—死有机物质；

C—消费者亚系统；D—分解者亚系统；R—呼吸

②在以浮游生物为主的生态系统中（如海洋或湖泊），消费者作用最大，因而有较多净初级生产量通过牧食（活食）链，其同化率也高。

③溪流或小池塘通过消费者亚系统的能流很少，因为大部分能量来源于陆地生态系统输入的死有机物，深海底栖群落在这方面与小池塘相似，因为深海无光合作用，能量来源于上层水体的"碎屑雨"，所以海底床的能流状况可与森林地面残落物层的情况相比拟。

5.2　生态系统中的物质循环

生态系统的物质循环（circulation of materials）又称为生物地

球化学循环（biogeochemical cycle），是指地球上各种化学元素，从周围的环境到生物体，再从生物体回到周围环境的周期性循环（图5-14）。能量流动和物质循环是生态系统的两个基本过程，它们使生态系统各个营养级之间和各种组成成分之间组织为一个完整的功能单位。生态系统的循环一般包括水循环、气体型循环以及沉积型循环。

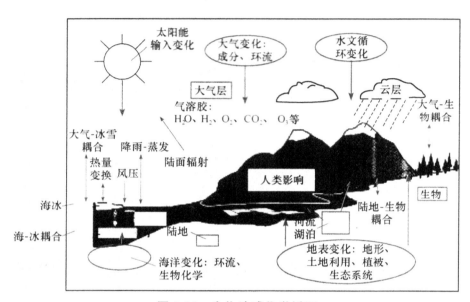

图 5-14　生物地球化学循环

5.2.1　生态水循环

水是地球最丰富的无机化合物，也是生物组织中含量最多的一种化合物。没有水循环，生态系统就无法启动，生命就会死亡。从多方面来说，全球水循环是最基本的生物地球化学循环，它强烈地影响着其他所有各类物质的生物地球化学循环。

水和水循环（water cycle）对于生态系统具有特别重要的意义，通过降水和蒸发这两种形式，使地球水分达到平衡状态（图5-15）。此外，水循环通过地表径流将各种营养物质从一个生态系统搬到另一个生态系统,补充某些生态系统营养物质的不足。大陆上的降水,有些被植物阻留在枯枝落叶层,有些渗入土壤和地下水中,有些被蒸发、蒸腾,进入再循环,有些进入江河湖泊形成地表径流流回海洋。

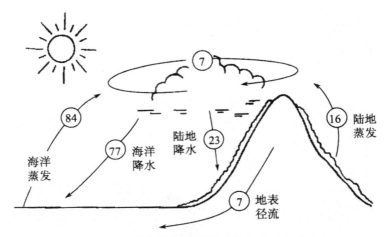

图 5-15　全球水循环示意图(引自 Smith,1992)

全球水循环概况:地球表面的总水量约为 $1.4 \times 10^9 \, \text{km}^3$,其中 97%包含在海洋库中,其余的包含在两极冰盖、地下水、湖泊河流、土壤、大气和生物体中。陆地的降水量为 $111000 \, \text{km}^3 \cdot \text{a}^{-1}$,陆地蒸发-蒸腾量为 $71000 \, \text{km}^3 \cdot \text{a}^{-1}$,海洋蒸发量为 $425000 \, \text{km}^3 \cdot \text{a}^{-1}$,降水量为 $385000 \, \text{km}^3 \cdot \text{a}^{-1}$。许多海洋蒸发的水分被风带到大陆上空,以降水落到地面,最后流回海洋(图 5-16)。人类的活动,如森林砍伐、农业活动、湿地开发、河流改道、建坝等,都可能改变全球的和局部的水循环。

5.2.2　气体型循环

1.碳循环

碳是生命物质的骨干元素,是所有有机物的基本成分。碳原子具有独一无二的特性,就是可以结合成一个长链——碳链,这个链为复杂的有机分子如蛋白质、核酸、脂肪、碳水化合物等提供了骨架。

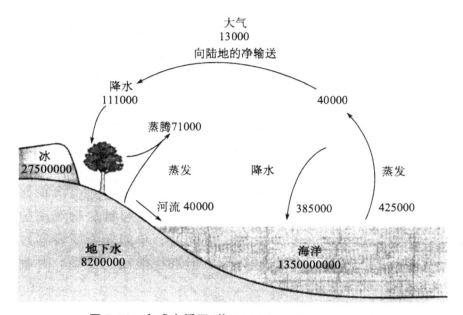

图 5-16　全球水循环(仿 Ricklefs and Miller,1999)

库含量以 km³ 为单位,流通率单位为 km³ · a⁻¹,图中不包含岩石圈中的含水量

　　除了大气,碳的另一个储存库是海洋,它的含碳量是大气的50倍,更重要的是海洋对于调节大气中的含碳量起着重要的作用。在水体中,同样由水生植物将大气中扩散到水上层的二氧化碳固定转化为糖类,通过食物链传递给消费者。同时,各种水生动植物的呼吸作用又释放二氧化碳到大气中。当动植物残体埋入水底,其中的碳会暂时离开循环。但是经过地质年代,又可以石灰岩或珊瑚礁的形式再出露于地表。岩石圈中的碳也可以借助于岩石的风化和溶解、火山爆发等重返大气圈。另一部分则转化为化石燃料,通过燃烧过程将二氧化碳重新释放到大气中(图5-17)。

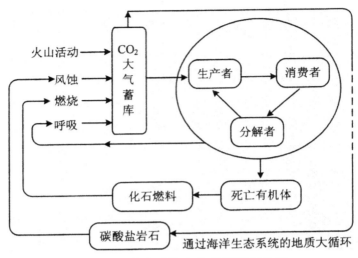

图 5-17　生态系统中的碳循环示意图

　　通过光合作用固定能量后,碳元素始终密切地结合在能流中,它的作用仅次于水。图 5-18 表示了全球碳循环(global carbon cycle)。碳库主要包括大气中的二氧化碳、海洋中的无机碳和生物机体中的有机碳。根据 Schlesinger(1997)估计,最大的碳库是海洋($38000 \times 10^{15} \mathrm{gC}$),它大约是大气($750 \times 10^{15} \mathrm{gC}$)中的 50.6 倍,而陆地植物的含碳量($560 \times 10^{15} \mathrm{gC}$)略低于大气。最重要的碳流通率是大气与海洋之间的碳交换($90 \times 10^{15} \mathrm{gC} \cdot \mathrm{a}^{-1}$ 和 $92 \times 10^{15} \mathrm{gC} \cdot \mathrm{a}^{-1}$)和大气与陆地植物之间的交换($120 \times 10^{15} \mathrm{gC} \cdot \mathrm{a}^{-1}$ 和 $60 \times 10^{15} \mathrm{gC} \cdot \mathrm{a}^{-1}$)。碳在大气中的平均滞留时间大约是 5 年。

　　大气中的二氧化碳含量是有变化的。根据南极冰芯中气泡分析的结果,在最后一次冰河期(20000~50000 年前)的大气二氧化碳的体积分数为 $180 \times 10^{-6} \sim 200 \times 10^{-6}$,而公元 900~1750 年间的平均值是 $270 \times 10^{-6} \sim 280 \times 10^{-6}$,但是从 1750 年工业革命开始以后,大气二氧化碳体积分数连续而迅速地上升(图 5-19),这显然是与工业革命后人类使用化石燃料的急骤增加有关。大气二氧化碳含量除了有长期上升趋势以外,还显示有规律的季节变化:夏季下降,冬季上升。其原因可能是人类的化石燃料使用量的季节差异和植物光合作用二氧化碳利用量的季节差异。

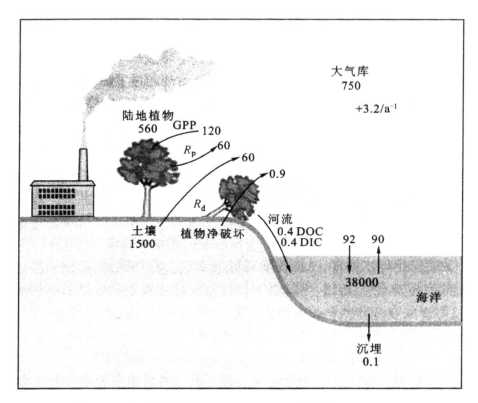

图 5-18 全球碳循环（Schlesinger，1997；转引自 Krebs，2001）

库含量以 $10^{15}\,gC$ 为单位，流通率以 $\times 10^{15}\,gC \cdot a^{-1}$ 为单位；GPP—总初级生产率；

R_p—生产者的呼吸量；R_d—植被破坏中的呼吸率；

DOC—溶解的有机碳；DIC—溶解的无机碳

　　我们应该清楚，为了维持当今全球碳平衡，其焦点不是各个库的碳贮存总量，而是每年碳的去处和动态问题。海洋是最大的碳库，但是它与大气的碳交换主要发生在海洋表面，而海洋表层与深层水之间的碳交换是很缓慢的。荒漠土壤的碳酸盐的含碳量比全部陆地植物还要高，但是荒漠土壤与大气之间也几乎没有碳的交换。

　　值得一提的是方精云等（2000）在《全球生态学》一书中阐述的对于中国陆地生态系统碳循环的研究。在碳循环各个构成元素分析的基础上,他们提出了中国陆地生态系统碳循环模式(图5-20)。

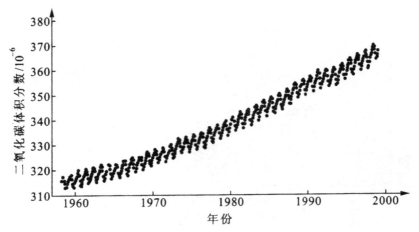

图 5-19　大气二氧化碳含量的变化

(Keeling & Whorf,1999;转引自 Krebs,2001)

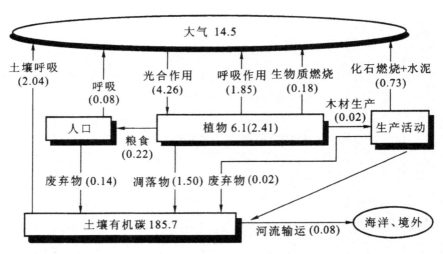

图 5-20　中国陆地生态系统的碳循环(以 1991 年为基础)(仿方精云等,2000)

加括号的为年变化量($10^9 tC \cdot a^{-1}$),未加括号的为库存量($10^9 tC$)

2.氮循环

氮也是构成生命物质的重要元素之一,氮是蛋白质和核酸的基本组成成分,是一切生物结构的原料。大气中 N₂ 的体积分数占 79%。N₂ 是惰性气体,气态氮不能被绿色植物直接利用,必须通过固氮作用将氮与氧结合成为硝酸盐和/或亚硝酸盐,或者与氢结合形成氨盐(NH_4^+)以后,植物才能利用。自然界的氮总量不断地循环着,称为氮循环(nitrogen cycle)。图 5-21 表示全球氮循环。氮循环过程非常复杂,循环性能极为完善。

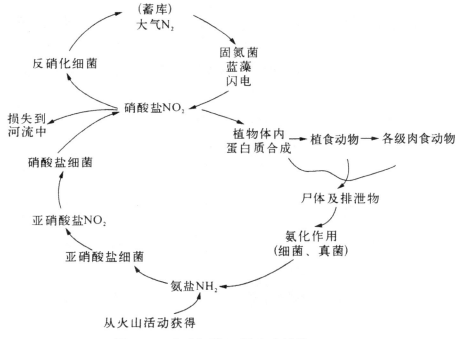

图 5-21　全球氮循环(引自李博等,2000)

氮循环是一个复杂的过程,包括有许多种类的微生物参加。

(1)固氮作用

大气成分的 79% 是氮气,但大多数生物不能直接利用氮气,因此以无机氮形式和有机氮形式存在的氮库对生物最为重要。大气中的氮只有被固定为无机氮化合物(主要是硝酸盐和氨)以后,才能被生物所利用。

(2)氨化作用

氨化作用是蛋白质通过水解降解为氨基酸,然后氨基酸中的碳被氧化而释放出氨（NH_3）的过程。无机氮通过植物同化作用进入蛋白质，只有蛋白质才能通过各个营养级。

（3）硝化作用

在通气情况良好的土壤中，氨化合物被亚硝酸盐细菌和硝酸盐细菌氧化为亚硝酸盐和硝酸盐，供植物吸收利用。

（4）反硝化作用

反硝化作用也称脱氮作用，在通气不良的条件下，反硝化细菌将亚硝酸盐转变成大气氮，回到大气库中。例如，假单胞杆菌（Pseudomonas）将硝酸盐转化为亚硝酸盐；然后亚硝酸盐进一步还原产生 N_2O 和分子氮（N_2），两者都是气体。

全球氮循环（图 5-22）显示，大气氮库含 3.9×10^{21} gN，土壤和陆地的氮库分别含 3.5×10^{15} gN 和 $95 \times 10^{15} \sim 140 \times 10^{15}$ gN。生

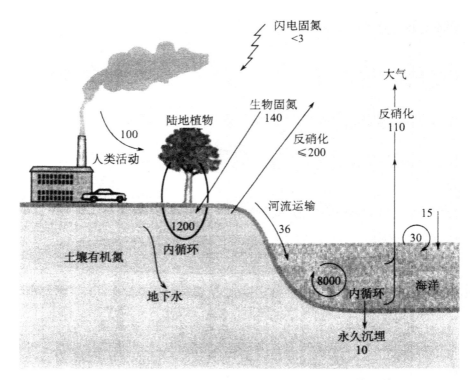

图 5-22　全球氮循环（引自 Schlesinger，1997；转引自方精云等，2000）

单位：10^{12} gN $\cdot$ a^{-1}

物固氮大约为 $140 \times 10^{12} gN/a$，而闪电固氮大约为 $3 \times 10^{12} gN$。固定的氮通过河流进入海洋的氮大约为 $36 \times 10^{12} gN \cdot a^{-1}$，陆地植物吸收利用的氮为 $1200 \times 10^{12} gN \cdot a^{-1}$，陆地生态系统反硝化作用的氮大约为 $12 \times 10^{12} \sim 233 \times 10^{12} gN \cdot a^{-1}$。生物物质燃烧释放到大气的氮高达 $50 \times 10^{12} gN \cdot a^{-1}$，海洋通过降水每年接受的氮为 $30 \times 10^{12} gN$，通过海洋反硝化作用还回大气的氮约为 $110 \times 10^{12} gN \cdot a^{-1}$，沉埋于海底的氮大约为 $10 \times 10^{12} gN \cdot a^{-1}$。

5.2.3 沉积型循环

1. 磷循环

磷是生物不可缺少的成分，它不但参与了光合作用，为植物提供能量。同时，磷也是生物体遗传物质 DNA 的重要组成成分，也是动物骨骼和牙齿的主要成分。所以，没有磷就没有生命，也不会有生态系统中的能量流动。

（1）磷循环（phosphorus cycle）的过程

磷的循环是一种典型的沉积型循环（图 5-23）。由于风化侵蚀作用和人类的开采，磷被释放出来，由于降水成为可溶性磷酸盐，经由植物、植食动物和肉食动物而在生物之间流动，待生物死后被分解，又回到环境中。动物也直接摄取无机磷酸盐。一部分

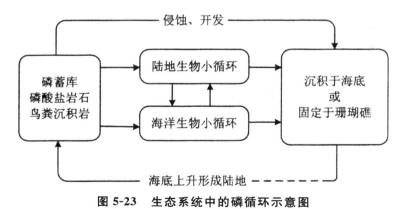

图 5-23 生态系统中的磷循环示意图

动植物残体和动物的排泄物经微生物分解转化为可溶性磷酸盐，再度被植物所利用。

（2）全球磷循环概况

磷在生态系统中缺乏氧化—还原反应，因此一般情况下磷不以气体成分参与循环。生物与土壤之间磷的流通率约为 $200 \times 10^{12} gP \cdot a^{-1}$，生物与海水间磷的流通率为 $50 \times 10^{12} \sim 120 \times 10^{12} gP \cdot a^{-1}$。全球磷循环的最主要途径是磷从陆地土壤库中通过河流运输到海洋，达到 $21 \times 10^{12} gP \cdot a^{-1}$。磷从海洋返回陆地十分困难，大部分磷以钙盐的形式沉淀，因此长期离开循环而沉积起来（图 5-24）。

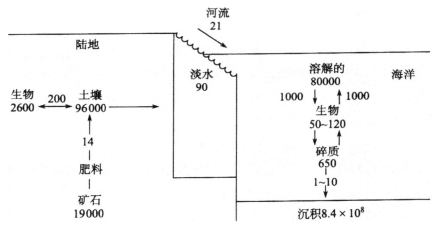

图 5-24　全球磷循环（仿 Ricklefs and Miller，1999）

库含量以 $10^{12} gP$ 为单位，流通率以 $10^{12} gP \cdot a^{-1}$ 为单位

2. 硫循环

硫是蛋白质和氨基酸的基本成分，对于大多数生物的生命至关重要。硫循环是一个复杂的元素循环，图 5-25 表示全球硫循环（global sulphur cycle）。硫从陆地进入大气有 4 条途径：火山爆发释放硫，平均达到 $5 \times 10^{12} gS \cdot a^{-1}$；由沙尘带入大气的硫约为 $8 \times 10^{12} gS \cdot a^{-1}$；化石燃料释放 $(50 \sim 100) \times 10^{12} gS \cdot a^{-1}$，平均 90×10^{12}

$gS \cdot a^{-1}$;森林火灾和湿地等陆地生态系统释放 $4 \times 10^{12} gS \cdot a^{-1}$。大气中的硫大部分以干沉降和降水形式返回陆地,约值为 $90 \times 10^{12} gS \cdot a^{-1}$,剩下的约 $20 \times 10^{12} gS \cdot a^{-1}$ 被风传输到海洋。另外也有 $4 \times 10^{12} gS \cdot a^{-1}$ 的硫经大气传输到陆地。

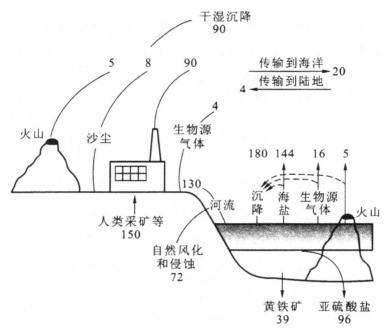

图 5-25　全球硫循环(Schlesinger,1997;转引自方精云,2000)
库含量以 10^{12} gS 为单位,流通率以 10^{12} gS $\cdot a^{-1}$ 为单位

5.3　生态系统中的信息传递

　　信息传递是生态系统的基本功能之一,是系统调控的基础,生态系统中生物与环境、生物与生物通过一系列信息取得联系,生物在信息的影响下做出相应的反应及行为变化。生态系统经过长期进化,已是高度信息化的系统。

5.3.1　信息传递过程的模式

生态系统中各种信息在生态系统的各成员之间和各成员内部的交换、流动称为生态系统的信息流。生态系统的信息在传递过程中,不断地发生着复杂的信息交换,伴随着一定的物质转换和能量消耗,但信息传递不像物质流是循环的,也不像能量流是单向的,而往往是双向的,有从输入到输出的信息传递,也有从输出到输入的信息反馈(图 5-26)。

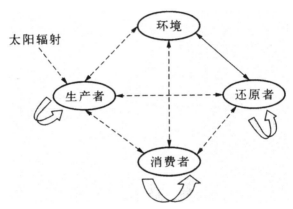

图 5-26　生态系统信息流模型(仿曹凑贵等,2002)

生态系统中的信息传递是一个复杂过程。不同生态系统的信息传递过程各不相同,但归纳起来,信息传递有以下几个基本环节。

1.信息的产生

只要有事物存在,就会有运动,就会具有运动状态和方式的变化,这些变化就是信息。生态系统中信息的产生过程是一种自然的过程。

2.信息的获取

信息的获取包括两个步骤:信息的感知和信息的识别。信息的感知是指对事物运动状态及变化方式的知觉,这是获取信息的前提;信息的识别是指对感知的信息加以识别和分辨,这是获取信息、利用信息的阶段。要获取信息,必须同时考虑事物运动状态的形式、含义和效用三个方面,其中形式部分的信息称为"语法信息"(syntax information),含义部分的信息称为"语义信息"(semantic information),效用部分的信息称为"语用信息"(pragmatic information),三者之和就是信息科学中的"全信息"(complete information)。

3. 信息的传递

信息传递的实质是通信,通讯就是要使接收者获得与发送者尽可能相同的消息内容和特征。因此,生态系统中任何信息传递的基本过程都必定包括信源、发送器官、信道、接收器官和信宿 5 个主要部分(图 5-27)。

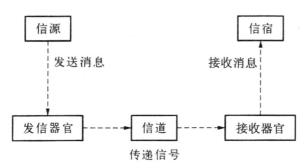

图 5-27　信息传递的基本模型(仿曹凑贵等,2002)

4. 信息的处理

信息的处理是为了不同的目的而实施的对信息进行的加工和变换。一般分为浅层信息处理和深层信息处理。信息处理的层次越深,越要充分利用全信息的因素。

5. 信息的再生

信息再生是利用已有的信息来产生信息的过程,它在整个信息过程中起着非常重要的作用。信息的再生是一个由客观信息转变为主观信息的过程,是主体思考、升华、转变的过程。一般所说的决策,是根据具体的环境和任务决定行动的策略,就是一个典型的信息再生过程。

5.3.2 生态信息的类型及信息传递

1.物理信息及其传递

物理信息是指生态系统中以物理过程为传递形式的信息,生态系统中能为生物所接收,并引起行为反应的效用信息绝大部分都是物理信息,因此,物理信息在信息传递过程中起着最重要的作用。物理信息主要类型包括光、声、热、电、磁。

(1)光信息

阳光是生态系统重要的生态因素之一,它发出的信息对各类生物都会产生深远的影响。植物的生长和发育受到阳光信息的影响。光信息对植物的影响具有双重性,既有促进作用,又有抑制作用。光的性质、光的强度、光照长度等均可作为信息。

近年研究发现,光信息对不同植物种子的作用也是不一样的。例如,烟草和莴苣的种子,在萌发时必须要有光信息,这些种子常称为"需光种子"。另外一类植物,如瓜类、茄子和番茄的种子萌发,见光则受到抑制,这类种子称为"嫌光种子"。图 5-28 的试验是用半休眠状态的莴苣种子进行的。这种种子在黑暗中的萌发率为 50%。图中显示,在 600~690nm 红光区下,种子处于萌发的高峰,这表明红光的光波信号对种子萌发有促进作用。但是,当种子进入 720~780nm 红外光区,萌发便受到明显的抑制,表明红外光的光波信号能使种子萌发受阻。由此可见,光作为信号对同一种植物种子的萌发有双重性作用。

(2)声信息

声信息就其物理本质表现就是一种振动,需要通过气体、液体或固体介质传播。声信息对动物还有更重要的作用。当深入研究森林动物时就会发现,听觉比视觉更重要。动物更多地靠声信息确定食物的位置或发现敌害的存在。生活在陆地上的蝙蝠和生活在水中的鲸类,由于活动环境不是光线暗弱,就是光线传播距离短,因此接收光信息的视觉系统不能很好地发挥作用,主要靠声呐定位。

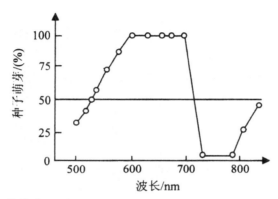

图 5-28 莴苣种子对不同光波信号的反应(蔡晓明和尚玉昌,1995)

(3)热信息

热以传导或对流的形式在介质里传递,也可以辐射的形式在空中传递。这三种热的传递过程就是热信息的传递过程。和光一样,地球生态系统中的热,绝大部分由太阳提供,实际上和太阳的光传递是同一过程。由于各种生物对其环境温度都有一定的适应范围,温度过高过低都会造成生命活动的减弱,甚至停止。因此对热信息的接收和反应对生物的生存是至关重要的。

(4)电信息

动物能产生电,在自然界中有许多放电现象,特别是鱼类,大约有 300 多种鱼能产生 $0.2\sim2V$ 的微弱电压,放出少许电流,但有些动物产生的电压能高达 600V。

动物对电很敏感,特别是鱼类、两栖类的皮肤有很强的导电能力,其中组织内部的电感器灵敏度更高。例如,团扇鳐能感受到 $0.01\sim0.02\mu V/cm^2$ 的电场电压。整个鱼群的生物电场还能与地球磁场很好地相互作用,使鱼群能正确地选择洄游路线。鳗鱼、鲑鱼等能按照洋流形成的地电流来选择方向和路线。有些鱼还能察觉海浪电信号的变化,预感风暴的来临,及时潜入海底。

(5)磁信息

生物生活在地球的磁场内,都不可避免地受磁场的影响,不同生物对磁有不同的感受能力,称为生物的第六感觉。例如,鱼、候鸟、蜂均能很好地利用磁场。在浩瀚的海洋里,很多鱼能遨游几千海里,来回迁徙于河海之间。这些行为中动物主要是依靠自身的电磁场与地球磁场的相互作用来确定方向和方位的。

2.化学信息及传递

生态系统的各个层次都有化学物质参与的信息传递,并以此来协调生物个体或群体的各种功能。在个体内,生物通过激素或神经体液系统协调各器官的活动;在种群内部,生物通过种内信息素(又称外激素)协调个体之间的活动,以调节生物的发育、繁殖及行为。在群落内部,生物通过种间信息素(又称异种外激素)调节种群之间的活动。

3.行为信息及传递

许多植物的异常表现和动物异常行动传递了某种信息,可通称为行为信息。

(1)舞蹈通信

蜜蜂发现蜜源时,以不同的舞蹈动作来表示蜜源的方向和距离。圆圈舞是采集了花蜜的蜜蜂向同伴传达在蜂箱近距离内采蜜的信号,摆尾舞是招呼同伴到百米以外去采蜜的信号(图5-29)。

(2)怪异行为的报警信息

地鹞鸟是草原中的一种鸟,当发现敌情时,雄鸟就会急速飞走,扇动两翼,给孵卵的雌鸟发出逃避信息。

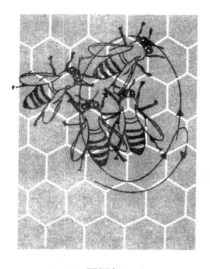

(a)圆圈舞

(b)摆尾舞

图 5-29　蜜蜂跳的圆圈舞和摆尾舞（蔡晓明和尚玉昌，1995）

　　还有一种鸟叫双领行鸻，遇到"敌情"时，显得很冷静、很有智慧。这种鸟的巢建在岩石岸边，呈灰白色，与背景色融为一体，不易辨认。遇到人时，它不紧张也不快速逃走，也不和人对峙，而是假装受了伤似的拖着翅膀，摇摇摆摆地保持一定距离向前方跳跃，把人从它的巢穴引开。如果人没上当，冲着它的巢穴走去时，它会一跛一拐可怜地绕着人转。一旦人被彻底引开，它会突然飞走。

第6章　生物多样性及多样性保护

生物多样性是地球上经过几十亿年发展进化的生命总和，是人类赖以生存和发展的基础，也是人类及其子孙后代共有的宝贵财富。工业革命以来，人类在经济发展方面取得了显著的成就，创造了前所未有的物质财富，但是在经济发展的同时，对于资源和能源的过度消耗破坏了生态平衡和人类赖以生存的环境，致使生物多样性受到严重威胁。据联合国环境规划署统计，全世界范围内目前共有 21％的哺乳动物、30％的两栖动物、12％的鸟类、70％的无脊椎动物、37％的淡水鱼类以及 70％的植物濒临灭绝。因此，维持生物多样性是人类拯救自己、保护生态环境和合理开发利用生物资源的首要任务，也是工农业生产维持稳步发展必不可少的环节。生物多样性保护和永续开发利用，已成为 21 世纪全人类共同关注的问题。

6.1　生物多样性概述

生物多样性（biological diversity 或 biodiversity）是指生物中的多样化和变异性以及物种生境的生态复杂性。

6.1.1　生物多样性的概念

生物多样性是指在一定时间内，一定地区（或空间）的所有生物（植物、动物和微生物）物种及其变异和其生态系统组成的复杂性生命系统的基本特征，也可以说是生物进化的结果，是人类赖以生存的基础。

生物多样性并不是完全新的研究课题,生态学和后起的保护生物学都有许多概念和原理与生物多样性的保育有密切的关系。

(1)保护需要对物种进行划分优先等级

一般按个体数量、分布面积划分为:绝灭(EX)、野外绝灭(EW)、极危(CR)、濒危(EN)、易危(VU)、低危(LR),还有数据缺乏(DD)和未予评估(NE)(由 IUCN 于 1994 年制定)。

(2)种群生存力分析(PVA)和最小可存活种群(MVP)

小种群灭绝风险大,其原因是遗传漂移和环境的随机变化。种群数量下降过低的不利后果是使遗传多样性损失,从而减少对环境变化适应能力和新生病原体品种抵抗的潜在能力;还有可能遭受杂交衰退,增加有害基因的表达,降低后代的适合度。因此,为了物种的长期生存,保证遗传变异性的维持,需要有最小可存活种群(MVP)。通过种群生存力分析(PVA)可以估计出濒危物种的最小可存活种群,为种群减少灭绝风险提供科学依据。许多濒危物种种群已经低于个体数 250～500 个 MVP。精确测定MVP 要求长期研究,如对美国西南部大角羊的 50 年研究,确立了其 MVP 为 100 头。这种方法也允许估计维持最小可存活种群的保护面积。

(3)灭绝率大小与生境片段化的关系

生境片段化往往出现在大面积生境被农业或其他发展而碎裂的地方。片段化的不利后果是有效生境面积减少,留下的斑块相互之间的距离增加。集合种群(metapopulation)在片段化的生境中形成。集合种群生态学的研究表明:斑块中的局域种群(local population)的迁入率越高,其灭绝的风险就越低,即迁入的个体补偿了局域种群的个体灭绝。

(4)岛屿生物地理学理论

在群落的物种多样性变化的研究上,MacArthur 和 Wilson所建立的岛屿生物地理学理论给予了很大的启示。岛屿中生物种类的丰富程度取决于两个互相矛盾的过程,即新物种的迁入和岛上原有物种的灭绝。随着岛上物种数目的增加,迁入率下降,而灭绝率上升。其原因是:岛屿的生态空间有限,定居在岛上的物种越多,新迁入并能定居的物种必然减少,而已经定居的物种,其灭绝率也会增大。此外,随着岛屿距大陆(迁入者来源)的距离增加,迁入者迁移过程中要经历的距离加大,新迁入并能定居下来的物种数目也就下降。大片平原中的山,大片草地中的林,都可以看作"岛屿",因此,岛屿生物地理学理论对生物多样性变化的规律研究,具有很重要的指导意义。

6.1.2 生物多样性的研究内容

1. 遗传多样性(genetic diversity)

遗传多样性是指种内或种间表现在分子、细胞和个体 3 个层次上的遗传变异多样性。包括:个体外部形态特征的多样性、细胞染色体的多样性(染色体数目的多样性、结构的多样性和分带特征的多样性)、分子水平的多样性(DNA 分子的多样性、蛋白质分子的多态性)。遗传多样性的研究,就其范围和对象而言可分为 4 个方面:①自然种群的遗传结构研究,自然种群内和自然种群间的遗传变异情况;②家养动物和栽培植物的野生组型及亲缘关系的遗传学研究;③建立物种种质资源基因库;④极端环境条件下,生物遗传特性的研究。

2. 物种多样性(species diversity)

物种多样性是指生物群落中物种的丰富性(或丰富度)和异质性(或均匀度)。因此,物种多样性包括两个方面:一是丰富度,即群落中生物种类的多寡,群落中物种数量越多,多样性就越丰富,反之,生物多样性就贫乏;二是异质性,即群落中各个种的相对密度,通常与均匀性成正比。在一个群落中,各个种的相对密度越均匀,群落的异质性就越大,多样性也就越丰富。物种多样性是生物多样性研究的核心和纽带。物种多样性的研究主要包括以下几个方面的内容：①建立物种多样性档案馆；②珍稀濒危物种保护的系统研究；③野生经济物种资源的研究；④物种多样性的就地保护；⑤物种多样性的迁地保护。

3. 生态系统多样性（ecosystem diversity）

生态系统多样性是指构成生态系统的生物群落和其生存环境之间的生态过程及其组合的复杂性程度。生态系统多样性的研究内容包括：①各类生物气候带生态系统多样性的研究；②特殊地理区域的生态系统多样性的研究；③农业区域生态系统多样性的研究；④海岛、海岸和湿地生态系统多样性的研究；⑤生态多样性保护与永续开发利用的探讨；⑥自然生态系统的保护。

4. 景观多样性（landscape diversity）

景观多样性是指由不同类型的景观在空间结构、功能机制和时间动态方面的多样性程度，是介于生态系统与区域间的大中尺度的生态系统。地球表面的景观多样性是人类和自然因素综合作用的结果。由于能量、物质和物种在不同的景观要素中呈异质分布，加上景观要素在大小、形状、数目、外貌上的变化，使得景观在空间结构上呈现高度异质性。生态系统多样性既是物种和遗传多样性的保证，又是景观多样性的基础。

6.2　生物多样性价值分析

生物多样性是生物圈不可缺少的组成部分，是维持生态系统稳定的重要条件。生物多样性具有巨大的、历史的、现实的及未来的社会经济价值。它为人类提供所需的食物、医疗保健药物、生物能源及工业原料，是农、林、牧、副、渔业生产必不可少的资源，对人类物质文明建设具有重要的现实价值，并维系着人类未来生物工程所需的巨大潜在的遗传基因库。同时，它还提供了保护生态环境(如土壤环境、水环境、调节气候等)的服务功能,在精神文明建设中,对促进人类社会文化和伦理道德的健康发展,也具有极大价值。但是生物多样性的价值不是总出现在市场,所以存在一系列的不确定性,往往不被人们重视,生物多样性具有很高的开发利用价值,是人类社会财富的源泉。生物多样性不仅能为人类提供多种服务,还能给人类社会带来多种效益,因此对人类具有重要的价值。生物多样性价值目前尚未有统一的、可接受的定价体系。

生物多样性作为一种自然资源,对其价值目前尚未有统一的、可接受的定价体系。McNeely 等(1990)将其分为直接价值和间接价值。直接价值又分为产品用于自用的消耗性使用价值和产品用于市场销售的生产使用价值;间接价值主要是为人类所提供的生态系统服务价值,如表 6-1 所示。

表 6-1   生物多样性价值的分类

总价值	可利用价值	直接利用价值	消耗性利用价值	如薪柴、野味等非市场性价值
			生产性利用价值	如木材、鱼等的商品价值
		间接利用价值	生态服务价值	如调节气候、水土保持、改善环境等
			科教、文化、娱乐价值	如科学、教育、娱乐、游憩等
		选择价值		保存未来选择机会的价值
	非利用价值	存在价值		野生生物存在的伦理感情价值

尽管生物多样性的价值并不总是体现在市场上,然而其价值是重要的。需要采取新的方法以保证这种价值在国家发展计划中得到体现,从而使投资和效益趋向平衡,达到生物多样性的持续利用,让其造福子孙后代。

6.2.1   生物多样性的直接价值

生物多样性的直接价值是指生物多样性作为生活资料或生

产原料被直接利用的价值。直接价值容易观察和测算，并可给予较为确定的价格。

1.消耗性利用价值

消耗性利用价值是指那些不经过市场交易而被直接消耗的自然产品的价值。这类价值虽然很少反映在国家收入的账目上，却是一类非常重要的价值，其经济价值能够被确定，且数额可能是非常大的。例如，中国和其他国家的广大山区人们的燃料主要来自森林和灌丛。在海岸、河流和湖泊周围地区，全世界每年要捕获1亿t的野生鱼类，这些鱼类大部分为捕捞者自己消费。这类价值对经济的贡献可确定为一种财政价值。

2.生产性利用价值

生产性利用价值是指从自然界获得的生物多样性产品通过商业性生产利用和市场交换的价值。自然界丰富的野生生物资源及其多样性在工农业生产和医疗保健等方面的生产性利用价值，对推动国民经济发展、维护人类健康、改善人民生活等均具有重要的作用，主要包括以下三个方面。

（1）对现代农业的贡献

第一，野生生物多样性是现代农业生物的重要来源。第二，野生生物遗传多样性是改良和培育农业生物新品种的源泉。第三，野生动物对农作物传粉和病虫害防治具有重要贡献。

（2）对医疗保健事业的贡献

生物是许多药物的来源，人类利用野生动植物传统药物治疗疾病已有悠久的历史，传统医学的中草药中绝大部分来自植物和动物。

无论在发展中国家或地区，还是在发达国家或地区，利用传统药物治疗疾病均具有举足轻重的地位。近些年来，一些新的野生动植物药源及其新的药物有效成分不断地被发现和提取利用，显示出野生生物多样性在治疗疾病方面具有难以估量的潜在价值。例如,人们从粗榧科三尖杉属(*Cephalotaxus*)和红豆杉科红豆杉属(*Taxus*)中提取的粗榧碱和紫杉醇,具有良好的抗肿瘤或治疗白血病的功效。

(3)对工业的贡献

生物界向工业提供了大量的原料和能源,如木材、纤维、橡胶、造纸原料、天然淀粉、油脂等。石油、天然气、煤等也是几百万年前动植物资源储藏的结果。植物提供的工业原料有粮食、棉花、油料、木材、橡胶、树脂等,动物提供的工业原料有肉类、毛皮、蚕丝、乳类等。人类开发利用作为工业原料的生物物种类型还比较少,生物界中还有许多物种可以为人类提供新的工业原料。

就森林而言,每年除为人类提供价值 750 亿美元以上大量木材外,还可为人类提供多种大量有很大使用价值的非木材产品,包括猎物、水果、树胶、木本油料、药材和多种林产品工业原料等。全世界每年消耗的煤炭量相当于一万年所储藏的太阳能。因此,现代工业生产还需要开发更多更新的生物资源,以提供必要的工业原料和新能源。生物多样性的保护和永续利用是实现这一目标的重要途径。

6.2.2 生物多样性的间接价值

生物多样性的间接价值是指生态系统的功能价值或环境服务价值,其意义可归纳为以下几个方面:

①遗传库:一种生物就是一个遗传库,其中遗传物质的保存有利于动植物品种改良,并且是提供新医药、新食品的来源。

②生态平衡:动植物自然种群保障了生态系统的稳态,例如,可以避免有害生物的大爆发。野生生物和人类都是生物圈的组分,休戚与共。生态系统服务是间接价值可感受的主要方面,一般不会出现在国家或地区的财政收入中,但当进行计算时,其价值可能远高于直接价值。生物多样性的直接价值源于间接价值,两者密切相关。

③教育价值:通过直接或有趣的方式,让人们知道生物世界是如何产生功能的,使人们从中得到教育。

④科学研究:生物多样性是人们研究生物学问题的材料,并且有益于科研工作者的训练。

⑤满足自然爱好:生物多样性为一些自然爱好者提供兴趣基础,也为摄影家、艺术家、诗人等提供题材。

此外,生物多样性在自然环境的娱乐、美学、社会文化、科学、教育、精神及历史方面有重要价值。

1.非消耗性利用价值

生物多样性的非消耗性利用价值是指自然界提供的生态学服务性价值,主要包括:①形成并维持生命支持系统;②形成和保护土壤;③保护水资源,抗旱防洪功能;④降解与净化污染物;⑤促进营养元素的循环;⑥调节气候;⑦维持生态系统的动态平衡。

这部分价值未被消耗掉,并且未在市场上进行交易和不计入国家财政收入之内。这类价值若在地方水平上(或在小范围内)测量,是可以定量的。例如,若要测量某一水源的效益是相对比较简单的,若要测量全球性水循环的价值,却非常困难。

2.存在价值

生物多样性的存在价值是指其伦理学和哲学的价值,自然界多种多样的物种及其系统的存在,有利于地球生命支持系统功能的保持及其结构的稳定。丰富的多样性有助于存在价值的实现。例如,有许多人为了确保热带雨林或某些珍稀濒危动物的永续存在而自愿捐献钱物,但自己并不打算将来到这些热带雨林观光或利用这些野生动物。存在价值似乎与伦理的准则和环境保护的责任有关,所以用伦理学和哲学的准则在决定生物多样性的存在价值方面是很重要的。

3.伦理价值

不管物种的经济价值如何,一切物种都具有生存的权利;不管这些物种有无经济价值,它都是客观存在的。从生物学和伦理学出发,认识物种而不是个体,是自然保护工作的目标,所有单个个体终究会死亡,但是物种是延续的、进化的,有时会形成一个新的物种。

在此意义上,单一个体正好是一个物种现在的代表,当它们的丧失威胁到该物种继续生存时,就需要人类加以保护。生物群落具有创造和维护适于生物生存环境的作用。一个物种的丢失可以影响到其他物种的生存,这将使这一生物群落的其他物种走向灭绝。因此,应以可持续发展的方式利用生物多样性,必须把对环境的损害降低到最低限度,以保持地球处于良好的状况。

4.遗产价值

遗产价值指当代人为将来某种资源保留给子孙后代而自愿支付的费用。当代人可能希望他们的子女或后代将来可从某些资源(如热带森林或珍稀物种)的存在而得到一些利益和享受(如观光等),为此他们现在愿意支付一定数量的钱物用于保护这些资源。

6.3　生物多样性受威胁的现状及原因

6.3.1　生物多样性的丧失

1.遗传多样性的丧失

遗传多样性都发生在分子水平上。自然界中存在的变异源于突变的积累,这些突变都经过自然选择,一些中性突变通过随机过程整合到基因组中,这一过程形成了丰富的遗传多样性。遗传多样性体现在不同水平上,包括种群水平、个体水平、组织和细胞水平及分子水平。

导致遗传多样性丧失的可能因素有 4 个:奠基者效应(founder effect)、瓶颈效应(demographic bottleneck)、遗传漂变(genetic drift)及近交衰退(inbreeding depression),这 4 个因素都是从遗传水平上来影响种群大小的。

(1)奠基者效应

只有当一个原始大种群中的少数个体(称为奠基者)建立一个新的种群时,才会发生奠基者效应。新建种群的遗传结构依赖于奠基者的遗传结构。如果奠基者在遗传结构上并不能真正代表亲本种群,或者只有少数几个奠基者参与了新种群的建立,那么在遗传结构上新建种群就不能真正代表它所来源的大基因库(奠基者的亲本种群),从而具有较低的遗传多样性。奠基者效应导致种群的遗传多样性水平较低,对濒危物种实施就地保护和迁地保护具有重要的理论指导意义。

(2)瓶颈效应

瓶颈效应是指由于种群变小,有害基因被清除,种群基因频率与种群数量急剧减少前的基因频率相差很大的现象,通常发生在那些种群数量先急剧减少后又增加的种群中。

无论出于何种原因,当一个较大的种群在短期内数量突然急剧减少时,即会引发瓶颈效应。瓶颈效应的结果是造成后续世代的遗传多样性依赖于少数几个在瓶颈效应中幸存并繁殖的个体(来自原始种群)。可以预见在该过程中会丧失一部分遗传多样性,至于丧失多少则取决于瓶颈的大小、幸存个体的繁殖能力及由于瓶颈效应和后续种群增长速率所造成的新的遗传变异(突变等)。

(3)遗传漂变

遗传漂变是指由于某种随机因素,某一等位基因的频率在群体(尤其是小群体)中出现世代传递的波动现象。这种波动变化导致某些等位基因的消失,另一些等位基因的固定,从而改变了群体的遗传结构。这种漂变与群体大小有关,群体越小,漂变速度越快,甚至1~2代就造成某个基因的固定和另一基因的消失,从而改变其遗传结构,而大群体漂变则慢,可随机达到遗传平衡。例如,在一个种群中,某种基因的频率为1%,如果这个种群有100万个个体,含这种基因的个体就有成千上万个。如果这个种群只有50个个体,那么就只有1个个体具有这种基因。在这种情况下,可能会由于这个个体的偶然死亡或没有交配,而使这种基因在种群中消失,这种现象就是遗传漂变。

遗传漂变就像一种长期的瓶颈效应,该效应会重复破坏杂合性(即增加纯合性)、降低变异力并最终导致基因或等位基因的丧失,而稀有等位基因是最容易丢失的。在后续世代中,等位基因组合的多样性也会明显减少。换言之,当只有少数的多效等位基因(能影响两个或多个表型形状的等位基因)保留下来时,遗传上相关的性状也会发生改变。我们相信遗传漂变是导致遗传多样性丧失的一个关键因素,所以在保护工作中尤为重要。遗传漂变的程度是种群大小的函数(Wright,1983),因此它可以直接用有效种群大小来衡量。

(4)近交衰退

近亲交配可以定义为有共同祖先的个体间的交配。在小种群中发生近亲交配的可能性要大得多。近亲交配的主要后果就是近交衰退,它被定义为"由近亲交配引起的性状普遍降低"(Lande,1996)。近交衰退可以导致生长率的下降,活力及生殖力降低,存活率下降及引起生理残疾等。近亲交配的另一个结果是,经由血统增加统一性,导致杂合度降低和纯合度增加。

2.物种损失

生物物种的灭绝是自然过程,但是灭绝的速度和方式,由于人类活动对地球的影响而大大增加。有学者估计,自1600年以来,人类已经导致75%的物种灭绝。众所周知,渡渡鸟(*Raphus cucullatus*)、毛象(*Mammuthus primigenius*)、塔斯马尼亚狼(*Thylacinus cynocephalus*)和恐鸟(*Diornid maximus*)都是由于人类捕猎而灭亡的。许多鲸类由于过度捕捞而濒危,而像海豚那样的非捕捞对象,则由于偶然闯入捕捞网造成大量死亡而濒危。有大量的物种因生境破坏而丧失,估计每天达100种以上。

农作物和家畜的物种多样性,也由于使用现代农业技术而剧烈地下降了。例如,菲律宾1970年前种植水稻3500个品种,现在仅有5个占优势的品种,损失达99%以上。欧洲小麦品种丧失达90%,美国玉米品种丧失超过85%。而作物缺乏遗传多样性也使它更易受病原体和害虫的攻击。因为作物系统属于人工生态系统,所以作物生物多样性下降的一个重要原因是在集约化过程中由混种变为单种种植,特别是大面积、大范围的单种种植。

3.生态系统或生境破坏

生态系统多样性的丧失是物种和遗传多样性丧失的最终原因,化石数据和现有的信息都充分显示了这一点。

生态系统多样性丧失的影响因素是多方面的,主要原因有5个方面,包括:过度利用、栖息地破坏、生物入侵、环境污染和自然灾害。

6.3.2　世界生物多样性受威胁的现状

1.世界生物多样性概况

经过近两个世纪的努力,生物分类学家已分类定名了全世界170多万物种,如表6-2所示,其中动物1342125种,占77.04%,植物400000种,占22.96%。实际上,世界物种的总数远高于此数据,其主要原因在于人类对热带生物仍然所知极少。生物学家普遍认为世界上生物种类的最少数目约 500 万种,有些人认为可能超过 1000 万种。生物多样性在地球上的分布是不均匀的,这主要是由水热条件分布的差异和不同物种对生境适应范围的大小所致。物种总数的一半存在于仅占陆地表面积 7% 的热带雨林中。热带森林中至少生存着 10 多万种维管植物,而整个温带仅有 5 万种开花植物。

表 6-2 世界生物种类数目分类表

类别	确定种类		估计种数	
	种数/种	百分比/(%)	种数/种	百分比/(%)
哺乳类	4170	0.24	4300	0.09
鸟类	8715	0.50	9000	0.20
爬行类	5115	0.29	6000	0.13
两栖类	3125	0.18	3500	0.08
鱼类	21000	1.21	23000	0.51
无脊椎动物	1300000	74.62	4004000	88.39
维管植物	250000	14.35	280000	6.18
非维管植物	150000	8.01	200000	4.42
合计	1742000	100.00	4529800	100.00

就生物多样性的地区分布来看,存在很大的差异,如表 6-3 所示。例如,在厄瓜多尔西部 1.7km² 的里奥帕伦克研究站里竟发现有 1025 种植物,这是到目前为止世界上已记载的生物物种多样性(丰富度)最高的地区;而在冻原、荒漠等地区,1km² 的面积范围内仅有几十个物种。具有地中海气候的地区,如加利福尼亚部分地区、智利中部、澳大利亚的西部和南部、南非的好望角地区和地中海盆地是特有种很多的生态学局部区,这是由地理隔离和生态隔离所导致的。

表 6-3　世界生物种类的地理分布

地带类型	确定物种		估计物种	
	种数/种	百分比/(%)	种数/种	百分比/(%)
北半球北部山区	100000	5.88	100000	2.00
温带	1000000	58.82	1200000	24.00
热带	600000	35.30	3700000	74.00
全球	1700000	100.00	5000000	100.00

2.世界生物多样性受威胁的现状

近 200～300 年来,物种消亡速率正在加快,全世界平均每天有 1～3 个物种消失,近年来已发展到每 1 小时就有 1 种生物从地球上消失。在过去的 4 亿年中,每 27 年才有一种高等植物灭绝,而现在植物灭绝速率正在以惊人的速率加快。德克萨斯大学的一份研究报告预测,地球上 30%～70% 的植物将在今后 100 年内消失。海岛上的植物区系远比大陆的更易濒危,90% 以上的特有维管植物种为稀有、受威胁或灭绝类型。同样,海岛上的哺乳类和鸟类也比陆地上易濒危,在近代历史上灭绝的哺乳类和鸟类中,约有 75% 是岛栖物种,这可能是由低地森林的破坏和捕食性动物、草食性哺乳动物、病害及侵略性杂草植物引进所致。

世界自然保护监测中心应用 IUCN 建立的红皮书等级统计的数据表明,全世界已记载了 60000 种动物和 2000 种植物受到威胁。红皮书和这些等级规定,只有在其分布区内对某一物种的减少和对其生境的威胁都具有充分数据时,才能判断该物种是否受威胁并确定其受威胁的等级。很多物种(尤其是无脊椎动物和热带植物)至今尚未被人们所认识,但它们的生境正在遭受破坏,尚未包括在红皮书和受威胁物种目录内。因此,红皮书和受威胁物种目录的信息仅反映了生物多样性减少的部分信息,整体情况可能更严重。

人类对地球生态环境的影响是如此强大,近几个世纪以来,很多自然景观已由人类通过砍伐森林、火烧和畜牧践踏等活动而改变和碱化。热带湿润森林仅覆盖着地球陆地表面积的 7％，然而砍伐的速率正在加快，如科特迪瓦的森林消失率为每年 6.5％，全部热带国家年均森林消失率为 0.6％（约 730 万 hm²）。如果按此速率推算，则所有郁闭的热带森林将在 177 年内被砍伐殆尽。另外，在世界热带地区，野生动物的生境丧失率在 80％以上的高达 14 个国家或地区，丧失率在 60％以上的达 25 个，24 个国家或地区热带森林生境丧失率为 22％～59％。这些生态环境的破坏更极大地加速了生活在其中动物的灭绝速率。

6.3.3　我国生物多样性受威胁的现状

中国是世界生物多样性最为丰富的国家之一，共有脊椎动物 6347 种，占世界总数的 13.9％，同时特有物种繁多（如特有高等植物高达 17300 种），这些物种广泛分布于陆地和水陆过渡的各种类型的生态系统中。各种各样的生态系统是物种多样性和遗传多样性存在的重要条件。然而，随着我国人口的不断增长，人们对生物资源的消费不断增长，加之对生物资源不合理的开发和利用，我国的生物多样性正在以惊人的速度减少。

我国森林资源的破坏，使野生植物种类濒临灭绝。许多珍贵植物，如珙桐、连香树、水杉、银杉、水青树、树蕨等濒临灭绝危险。世界有 10％的植物种处于濒危状态，但我国植物的濒危速率远高于这个水平，估计达到 15％～20％。2010 年 IUCN 公布濒危物种红皮书显示，对我国评估的 2964 个物种中，消失 4 种，濒危 394 种，180 种接近濒危。

此外，在我国乱捕、滥猎、偷猎现象十分严重，导致动物多样性迅速下降，不少种类濒临灭绝。中国已经灭绝的野生动物包括新疆虎、蒙古野马、高鼻羚羊、犀牛、麋鹿、白臀叶猴等。对生物种群的统计表明，一种植物与 10～30 种其他生物（如动物、真菌）共同生存，植物为它们提供了食物和环境。一种植物的灭绝就会导致 10～30 种其他生物的消失，按此计算，我国有 4000～5000 种

植物处于濒危之中,将会有 4 万～15 万种其他生物的生存受到
威胁。

6.3.4 生物多样性丧失的原因

物种的产生、进化和消亡本是一个缓慢的协调过程,但随着
人类对自然环境干扰的加剧,在过去 30 年间,物种的减少和灭绝
已成为主要的生态环境问题。根据化石记录估计,哺乳动物和鸟
类的背景灭绝速率为每 500～1000 年中灭绝一个种。而目前物
种的灭绝速率高于其"背景"速率 100～1000 倍。如此异乎寻常
的不同层次的生物多样性丧失,主要是人类活动所导致的,包括
生境的破坏及片段化、资源的过度开发、生物入侵、环境污染和气
候变化等,其中生物栖息地的破坏和生境片段化(habitat frag-
mentation)对生物多样性的丧失"贡献"最大。

1.生物栖息地的破坏和生境片段化

由于工农业的发展,围湖造田、森林破坏、城市扩大、水利工
程建设、环境污染等的影响,生物的栖息地急剧减少,导致许多生
物濒危和灭绝。森林是世界上生物多样性最丰富的生物栖聚场
所。仅拉丁美洲的亚马孙河的热带雨林就聚集了地球生物总量
的 1/5。公元前 700 年,地球约有 2/3 的表面为森林所覆盖,而目
前世界森林覆盖率不到 1/3,热带雨林的减少尤为严重。Wilson
(1989)估计,若按保守数字每年 1%的热带雨林消失率计算,每年
有 0.2%～0.3%的物种灭绝,生物栖息地面积的缩小,能够供养
的生物种数自然减少。但与之相比,由于生境破坏而导致的生境
片段化形成的生境岛屿对生物多样性减少的影响更大,这种影响
是间接导致生物的灭绝。比如森林的不合理砍伐,导致森林的不
连续性斑块状分布,即所谓的生境岛屿,一方面使残留的森林的
边缘效应扩大,原有的生境条件变得恶劣;另一方面改变了生物
之间的生态关系,如生物被捕食、被寄生的概率增大。这两方面

都间接地加速了物种的灭绝。

2. 资源的不合理利用

农、林、牧、渔及其他领域的不合理的开发活动直接或间接地导致了生物多样性的减少。自 20 世纪 50 年代，"绿色革命"中出现产量或品质方面独具优势的品种，迅速推广传播，很快排挤了本地品种，印度尼西亚 1500 个当地水稻品种在过去 15 年内消失。这种遗传多样性丧失造成农业生产系统抵抗力下降，而且随着作物种类的减少，当地固氮菌、捕食者、传粉者、种子传播者以及其他一些传统农业系统中通过几个世纪共同进化的物种消失了。在林区，快速和全面地转向单优势种群的经济作物，正演绎着同样的故事。在经济利益的驱动下，水域中的过度捕捞，牧区的超载放牧，对生物物种的过度捕猎和采集等掠夺式利用方式，使生物物种难以正常繁衍。

3. 生物入侵

人类有意或无意地引入一些外来物种，破坏景观的自然性和完整性，由于缺乏物种之间的相互制约，导致另一些物种的灭绝，影响遗传多样性，使农业、林业、渔业或其他方面的经济遭受损失。在全世界濒危植物名录中，有 35%～46% 是部分或完全由外来物种入侵引起的。如澳大利亚袋狼灭绝的原因除了人为捕杀外，还由于家犬的引入，产生野犬，种间竞争导致袋狼数量下降。

4. 环境污染

环境污染对生物多样性的影响除了恶化生物的栖息环境，还直接威胁着生物的正常生长发育。农药、重金属等在食物链中的逐级浓缩传递严重危害着食物链上端的生物。据统计，目前由于污染，全球已有 2/3 的鸟类生殖力下降，每年至少有 10 万只水鸟死于石油污染。

6.4 生物多样性保护

6.4.1 生物多样性保护的基本策略

1. 保护目标

我国生物多样性保护的总目标是：保护生物多样性和保证生物资源的持续利用，确保国民经济和社会的可持续发展，实现经济效益、社会效益和环境效益的统一。为了实现保护和持续利用的目标，必须把生物多样性保护作为国家或地区的总体规划的一部分。

2. 保护策略

人类对生物多样性的兴趣主要集中在可持续利用上，尽管这一点不无争议，但如何实现生物多样性保护的"收益"事实上是生物多样性保护的关键，因此，生物多样性保护策略的核心思想应该是集中于可能产生最大保护效益的项目。《全球生物多样性策略》的5项关键的策略目标为有效的行动指明了方向。

①保护生物多样性策略必须是以发展国家和国际政策的纲领、促进生物资源的持续利用和生物多样性的保持为目标。

②需要为地方社区（local community）的有效保护工作创造条件并给予鼓励，保护生物多样性的行动必须在人们工作与生活的地方深入开展。

③保护生物多样性的设施必须加强，并更加广泛地应用。世界上的保护区是极其重要的保护生物多样性的设施。

④要深入开展生物多样性及其保育研究，生态系统各种成分之间，地球上各种生态系统之间，乃至全球的各种生态过程都是

很复杂的,对此我们了解得还很不够。至少生物科学、地球科学、海洋科学和大气科学必须联合,进行更深入的多学科的综合研究和系统的监测,采取科学的措施。

⑤保护行动必须通过国际合作和国家规划予以促进。减缓生物多样性损失的国际合作需要更为有效的国际机制(international mechanism)的协助。

6.4.2　生物多样性保护的主要途径

对于生物多样性的保护主要是采取政策法规途径和科学技术途径,并大力加强生物多样性及其保护知识宣传,营造良好的社会氛围。其重点是保护生态系统的完整性和珍稀濒危物种。

1.政策与法规途径

目前,国际上有关生物多样性的保护组织有 3 个:①1973 年1 月成立的联合国环境规划署(UNEP),其职能包括生物多样性的保护;②1948 年 10 月成立的国际自然和自然资源保护联盟(IUCN),是国际性民间组织,其主要活动包括濒危物种保护等;③1961 年成立的世界野生生物基金会(WWF),是致力于保护野生生物的国际性基金会,已资助 130 多个国家进行 2000 多个野生生物的项目。这些生物多样性组织的建立,制定了一系列在国际范围内保护植物、动物、微生物及其栖息环境的战略,并制定和实施对濒危物种保护的法律,扩大生物物种的自然保护区,努力恢复已遭到损害的动植物种群,提高公众对自然保护和维护生物资源必要性的认识。生物多样性的保护已成为全人类共同的使命。

2.科学技术研究途径

在保护生物多样性的工作中,采用科学研究途径,探索现存野生生物资源的分布、栖息地、种群数量、繁殖状况、濒危原因以及开发利用现状、已采取的保护措施、存在的问题等,一般采取以下研究途径:①生物多样性现状分析;②对特殊生物资源进行研究;③生物多样性保护与开发利用关系研究;④生物物种资源的就地保护;⑤生物物种资源的迁地保护;⑥建立种质资源基因库;⑦环境污染对生物多样性影响的研究;⑧建立自然保护区,加强生物多样性保护的策略研究,采用先进的科学技术手段,例如,遥感、地理信息系统、全球定位系统等。

第7章　全球生态问题及生态文明建设

全球变化是指由于人类活动引起的在全球或者地区范围内的变化,它包括大气成分的变化、全球气候的变化、土地利用和盖度的变化、生物多样性的变化、地表水体的变化及人类社会的变化等。本章重点讲述全球变化生态学、全球变化产生的影响、全球变化的适应与对策及生态文明建设等几个与人类生存密切相关的问题,这些问题都是当前生态学研究的热点。

7.1　全球生态学概述

7.1.1　盖亚假说

地球不仅是宇宙间有生命的环境,而且其自身也是一个生命有机体,一个能够自我适应和自我调节的体系,一个可以改变自身环境并使之顽强存活下去的系统。地球是一个由生物圈、大气圈、海洋、土壤等各部分组成的反馈系统,通过自身调节和控制而寻求并达到一个适合于大多数生命生存的最佳物理—化学环境条件。

盖亚假说(Gaia hypothesis)是由英国大气学家拉伍洛克(James Lovlock)在20世纪60年代末提出的,Lovlock意识到地球本身是一个超级生命的有机体,将其命名为盖亚(古希腊神话里的大地女神)。盖亚假说认为,地球是一个由生物负反馈自动调节的控制系统,地球自身是一个活的整体,活的部分就是地球表层。生物整体不仅适应环境,同时也改造了环境,使环境条件稳定和最优化,有利于自身生存。限于时空尺度还无法证明,这一假说引起了争议,但它提供了理解地球表层物质之间,特别是生物和环境之间复杂联系的一种思维方式,这对地球表层系统的研究是有启发性的。

7.1.2　全球变化

全球变化(global change)原来表达人类社会、经济和政治系统不稳定,国际安全和生活质量降低这一特定意义,在相当一段时间内,全球变化只指全球气候变化(global climate change),如全球变暖(global warming)、温室效应(greenhouse effect)、海平面升高(sealevel rise)等。近年来,全球变化一词已不仅仅限制在气候变化上,而是延伸到全球环境,将大气圈、水圈、生物圈和岩石圈的变化纳入其范畴,强调地球环境系统及其变化。

1.全球变化涉及的领域

全球变化涉及的领域包括:①全球气候变化;②土地利用和覆盖变化;③全球人口增长;④大气成分变化;⑤养分生物地球化学循环变化;⑥生物多样性丧失。

2.全球变化的现象

全球变化的现象包括:①全球变暖;②大气臭氧层损耗;③大气中氧化作用减弱;④生物多样性减少;⑤生物入侵与危害加剧;⑥土地利用格局与环境质量改变——全球森林面积急剧减少,沙漠化扩大,全球环境质量下降(垃圾污染、水质污染、大气污染);⑦人口急剧增长。

7.1.3　全球生态学

全球生态学(global ecology)即生物圈生态学(biosphere

ecology），它是 20 世纪 80 年代初才蓬勃发展起来的一门新兴交叉学科。它的研究涉及全球范围或整个生物圈的生态问题。

全球生态学包括以下几个基本原理。①自组织原理：全球生命系统是一个自组织系统，能够自我适应和自我调节，与环境共同进化；②连锁反应原理：地球上某一物种的灭绝或某一敏感成分的变化将引起一系列的连锁反应，一环扣一环；③量变引起质变原理：地球上某一成分在某一阈值或数量以内，其作用较小，超过一定阈值，其群体或社会作用凸显；④多样性原理；⑤富集原理。

全球生态学是研究地球有机体的生态过程、化学过程和物理过程对生态系统的影响及其响应的学科，也称为全球变化生态学。近年来，人们关心的重大生态灾难，如臭氧层的耗竭、大气层中二氧化碳和其他"温室气体"浓度的增加等显现，正严重威胁着我们居住于其中的生物圈。全球生态学的任务就是培养人们的全球概念（global concept），采取相应的措施来防止生物圈的整体破坏，以避免给人类带来不幸的灾难。

7.2 全球变化及其影响

当今，随着人口膨胀、环境污染、粮食短缺、能源危机、资源枯竭等威胁人类生存发展的问题日益严重。面对如此大的挑战，人类对地球气候和环境的变化问题开展全面深入研究的需求和能力均明显增强。

7.2.1 气候变化及其影响

根据近几十年来对全球气候的分析，可以发现异常气候对生态环境、人类健康产生的破坏和影响非常巨大与严重。目前最主要的气候问题就是因为温室气体的过量排放所导致的全球气候变暖。

1.气候变暖

全球变暖的直接证据来自许多观测资料。有关数据表明,低纬度的山区冰川都在融化后退,过去 50 年比过去 1.2 万年间的任何一个 50 年都温暖得多。在 20 世纪,大气层平均温度上升了 0.5℃。据预测,21 世纪全球气温将以每 10 年 0.3℃ 的速率升高,到 21 世纪末增加 3℃。陆地表面升温比海洋快,北纬度地区升温比低纬度地区快,欧洲南部和中美洲升温比全球平均升温高。

2.降水量变化

在过去几十年里,中纬度地区降水量增加,北半球亚热带地区的降水量减少,南半球的降水量增加。温室气体的增加会提高海洋表面的蒸发量。全球降水量的变化存在很大的空间异质性,目前还很难预测将来降水如何随大气成分变化而变化。

3.云层分布变化

自 20 世纪初以来,全球云层出现增加的现象。印度在 50 年中云层增加了 7%,欧洲在 80 年中增加了 6%,澳大利亚在 80 年中增加了 8%,北美洲在 90 年中增加了近 9%。但目前还不能肯定全球云层增加是否由大气成分改变而引起。

4.极端气候

气候变化有可能出现在非平均值上,而在极端气候条件(如高温、水灾、风暴等)的出现频率上,奇怪的是,过去几十年来极端气候条件的发生频率并没有增加,相反,北印度洋的台风和中美洲的热带风暴的发生频率有下降的趋势。

厄尔尼诺、拉尼娜、南方涛动:厄尔尼诺(El Niño)是指太平洋东部靠近赤道海域的表面温度升高,引起一系列异常现象,其影响扩展到世界大部分地区的一种现象;拉尼娜(La Nina)是指两次厄尔尼诺现象之间,赤道附近东太平洋水温下降引起的一系列异常现象(图 7-1);厄尔尼诺发生时,与东太平洋赤道海域表面温度变化并行的是气压的波动,太平洋与印度洋之间存在的这种大尺度海面气压升降波动的现象称为南方涛动现象(southern oscillation)。

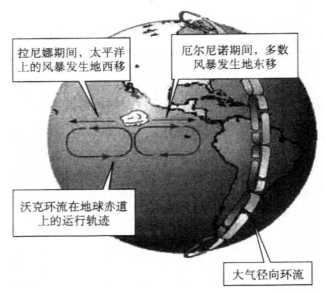

拉尼娜期间,太平洋上的风暴发生地西移

厄尔尼诺期间,多数风暴发生地东移

沃克环流在地球赤道上的运行轨迹

大气径向环流

图 7-1　厄尔尼诺和拉尼娜环流图(引自 Manuel and Cahill,1999)

7.2.2　大气变化及其影响

全球气候变化的主要原因是大气中温室气体浓度的不断增加,而二氧化碳、甲烷和氧化二氮被认为是最重要的温室气体(图7-2)。第二次世界大战以来,大气中二氧化碳的浓度几乎增加了25%。科学家预测,2025～2075 年,大气层二氧化碳的浓度将是工业革命前的 2 倍。除二氧化碳以外,其他温室气体,如甲烷、氧化二氮也以前所未有的速率增长。

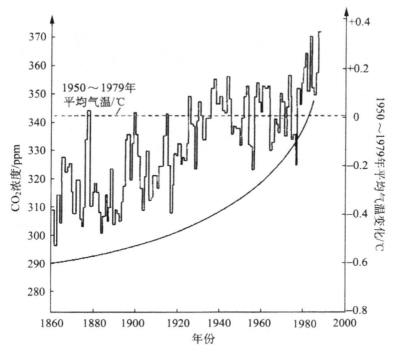

图 7-2　1860～1990 年，大气中二氧化碳浓度不断增加，地表气温上升（引自 Schneider，1989）

（1）二氧化碳浓度增加的原因

①工厂和汽车燃烧的煤、石油、汽油；②热带雨林大火燃烧产生的二氧化碳；③植物被分解在很长一段时间释放二氧化碳；④因热带土地使用方式的变化而释放的二氧化碳每年大约有 $1×10^9$ t。

（2）二氧化碳对地球温度的影响

碳循环依赖于大气中二氧化碳的供应，植物利用二氧化碳制造糖分。二氧化碳仅占大气成分的万分之三，但它对地球温度的影响很大，它通过一种称为温室效应的现象影响地球的温度。所谓温室效应，是指地球和它的大气层有点像白天的温室，太阳能从外面进入温室，在里面诱导红外线辐射，玻璃层挡住红外线的散发，使室内结构变暖。大气层的二氧化碳类似于温室的玻璃，光能穿过大气层的二氧化碳，诱导一些像红外线或热之类的能，而二氧化碳层挡住红外线的散发，使地球变暖（图 7-3）。

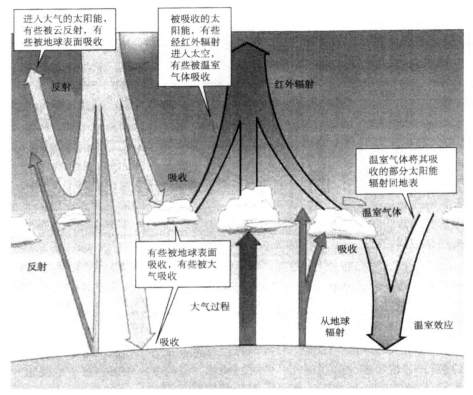

图 7-3　地球大气诱导的温室气体效应（引自 Molles，2000）

（3）大气质量下降

由化石燃烧释放的一氧化硫比所有已知的自然一氧化硫的产生量多得多，尤其在北半球发达地区，一氧化硫释放已造成严重的酸雨问题。酸雨（AR）和二氧化硫（SO_2）是影响大气环境质量的重要大气污染物，酸雨和二氧化硫构成的交叉污染，不仅直接影响农作物的产量和质量，而且危及陆生植被的生存和发展。

（4）养分生物地球化学循环变化

过去 100 多年来，一些养分，如氮、磷、硫的生物地球化学循环由于人类干扰和气候变化而产生显著变化。以氮为例，全球陆地自然固氮量约为 100TgN，海洋固氮量为 5～20TgN，而闪电引起的固氮量只有 10TgN 或更少。与上述形成鲜明对比的是：工业为制造化肥而固定的氮每年大约为 80TgN，大豆每年固氮

30TgN。也就是说,每年人为固氮量已达到天然固氮量的水平。人类的一些活动,特别是生物物质的燃烧、土地利用、湿地排水,已加快了一些长期固氮的游离。人工固定的氮和被人类游离的氮进入水体或回到大气中,会改变局部地区的氮循环,如果过多的氮进入水体,还会引起富营养化的后果。

(5)臭氧层损耗

位于大气平流层的臭氧层能阻止过量的有害短波辐射(主要是紫外线辐射)进入地球表面。研究表明,臭氧层正在变薄。南极南部海洋上空的臭氧层已在每年的 9 月、10 月出现一个大洞,面积约为美国本土 48 个州的总面积的 3 倍(图 7-4、图 7-5)。北极北部在最近 40 年,平流层的臭氧层已损耗 10%。

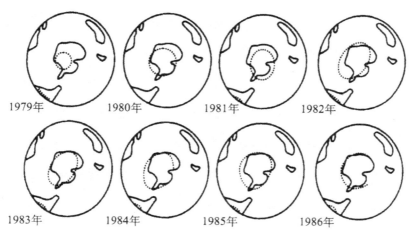

图 7-4　南极上空的"臭氧洞"(仿李振基等,2000)

7.2.3　生物多样性的变化及其影响

生物多样性(biological diversity)是指生物之间的多样化和变异性及生物环境的生态复杂性。生物多样性有丰富的内涵,包括多个层次,主要有遗传多样性(genetic diversity)、物种多样性(species diversity)、生态系统多样性(ecosystem diversity)和景观多样性(landscape diversity),如图 7-6 所示。

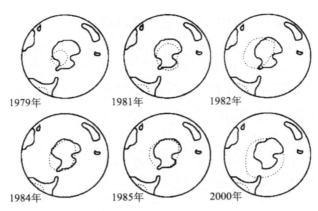

图 7-5　南极上空的"臭氧洞"变化（引自 Waston et al., 1986；UNEP, 2002）

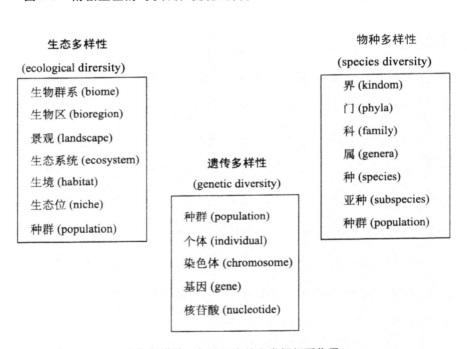

文化多样性：各种层次的人类间相互作用

(cultural diversity: human interaction at all level)

图 7-6　生物多样性的各个方面及水平

1. 全球物种多样性概况

在物种数目上，全球有 1300 万～1400 万个物种，但科学描述过的仅约有 175 万种（表 7-1）。物种并不是均匀地分布于世界

168 个国家或地区,有 12 个称为多样性特丰富的国家,它们拥有全球 60%～70%甚至更多的生物多样性。在全球,物种特有性最高的国家或地区有 14 个,澳大利亚具有 800 个特有高等脊椎动物,新西兰具有 80%的植物特有种。中国是生物多样性丰富的国家之一,哺乳动物占有种数居世界第 5 位,鸟类居世界第 10 位,两栖类居世界第 6 位,种子植物居世界第 3 位,特有植物居世界第 7 位,特有高等脊椎动物居世界第 8 位。

表 7-1　全球主要类群的物种数目

类群	已描述的物种/万种		估计可能存在的物种/万种
	世界已描述	中国已描述	
病毒	0.4	0.04	40
细菌	0.4	0.05	100
真菌	7.2	0.08	150
原生动物	4.0		20
藻类	4.0	1.14	40
高等植物	27.0	3.00	32
线虫	2.5	0.60	40
甲壳动物	4.0	0.065	15
蜘蛛类	7.5	0.70	75
昆虫	95.0	3.40	800
软体动物	7.0	0.35	20
颈椎动物	4.5	0.60	5
其他	11.5		23
总计	175.0		1362

资料来源:Heywood and Watson,1995。

2.生物多样性时间格局

主要在进化尺度上讨论时间格局,即地质历史时期的物种多样性的变化,其资料是通过化石记录得到的。从总的轮廓来看,即从大的时间尺度来看,无论是动物还是植物物种多样性均呈增加趋势(图 7-7～图 7-9)。

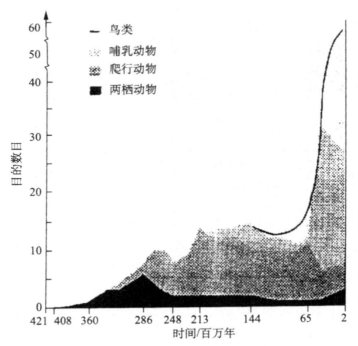

图 7-7　地质历史时期陆生脊椎动物物种多样性的变化(引自 Signor,1990)

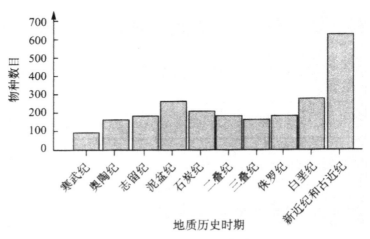

图 7-8　地质历史时期海洋无脊椎动物物种
多样性的变化(引自 Sepkoski,1984)

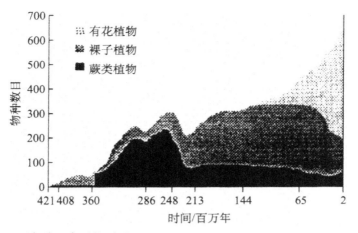

图 7-9　地质历史时期陆生植物物种多样性的变化（引自 Signor,1990）

3.生物多样性空间分布格局

纬度梯度格局——对大多数陆生植物和动物来说,随着纬度的降低,物种多样性增加(图 7-10、图 7-11);海拔梯度格局——随着海拔的升高,鸟类和维管植物的多样性出现降低的趋势(图 7-12、图 7-13)。

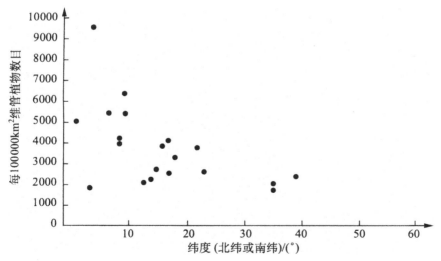

图 7-10　西半球植物物种多样性随纬度梯度的
变化（引自 Reid and Miller,1989）

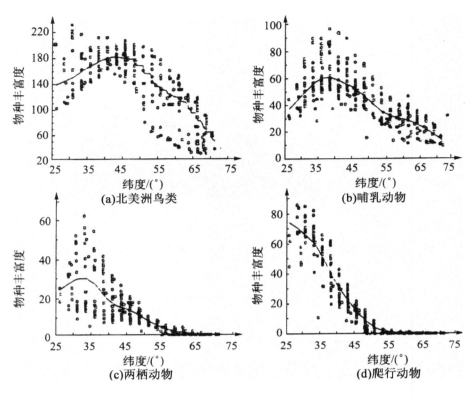

图 7-11　物种多样性随纬度梯度的变化（引自 Currie，1991）

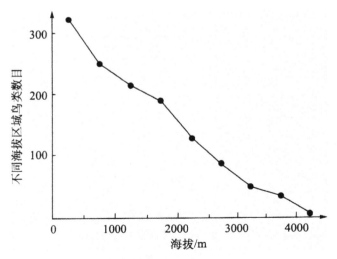

图 7-12　新几内亚鸟类物种丰富度随海拔的
变化规律（引自 Kikkawa and Wiliams，1971）

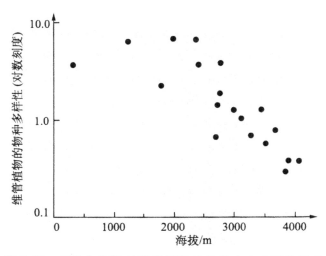

图 7-13 尼泊尔喜马拉雅维管植物物种丰富度随海拔的
变化（Yoda, 1967；Whittaker, 1977）

4. 生物多样性的丧失

生物多样性的丧失包括：①自然灭绝——自生命起源以来，地球上的生物多样性一直在增长，但这种增长是不稳定的，其特征是继一段时期的高速率新种形成后，随之有一段时期的低速率新种形成和大规模灭绝的插曲。地质历史上有 5 个时期（奥陶纪、泥盆纪、二叠纪、三叠纪、白垩纪）的自然大灭绝历程（图 7-14）。②人类造成的物种灭绝——自 1600 年至今，已有 83 种哺乳动物及 113 种鸟类遭人为灭绝（相当于哺乳动物种数的 2.1% 和鸟类种数的 1.3%）。在过去几百年中，人类使物种灭绝速率比地球历史上物种灭绝速率增加了 1000 倍。特别是近 150 年丧失最多（表 7-2，图 7-15），1600～1700 年鸟类和哺乳类动物的灭绝速率大约是每 10 年 1 种，动物 1850～1950 年上升到了每年 1 种。如果人类威胁不停止，则现在世界鸟类物种的 2% 和哺乳类动物物种的 5% 将处于危在旦夕的灭绝境地。

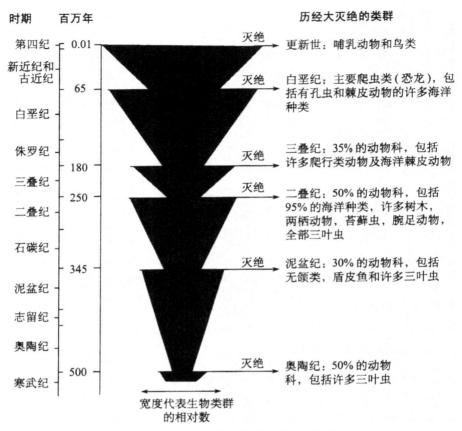

图 7-14 地质历史时期的生物灭绝历程

表 7-2 1600 年至今的生物灭绝记录

群类	大陆	岛屿	海洋	总数	估计种数	1600 年以来灭绝种类所占的比例/（%）
哺乳动物	30	51	2	83	4000	2.1
鸟类	21	92	0	113	9000	1.3
爬行类	1	20	0	21	6300	0.3
两栖类	2	0	0	2	4200	0.05
鱼类	22	1	0	23	19100	0.1
无脊椎动物	49	48	1	98	1000000	0.01

续表

群类	大陆	岛屿	海洋	总数	估计种数	1600 年以来灭绝种类所占的比例/（%）
有花植物	245	139	0	384	250000	0.2

注：可能许多种在科学家记录时即灭绝。

资料来源：Reid and Miller，1989。

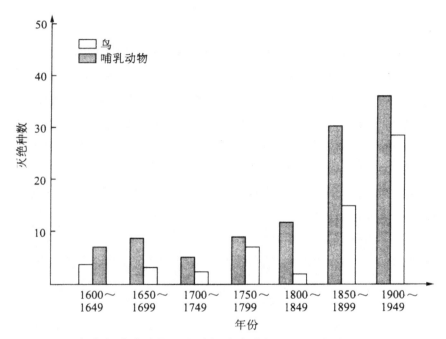

图 7-15　鸟类和哺乳动物灭绝种数稳步增加，而近 150 年灭绝急剧增加

7.2.4　土地利用格局、人口和资源的变化及其影响

1.森林面积减少

全球森林面积急剧减少，尤其是热带森林面积减小最为严重。全世界的热带森林，每年的破坏率达 2%，现在正以 0.607hm^2/s 的速率从地球表面消失。

2.沙漠化扩大

由于沙漠边缘区过度放牧,使沙漠化扩大的速率不断加速。现在全世界每年正以 $5 \times 10^4 hm^2$ 的惊人速率使土地变为沙漠,世界上最大的撒哈拉沙漠已经延伸到了欧洲,进入了西班牙和意大利。在 1990 年,欧共体就拨款 80 亿美元用以防止沙漠化的进一步扩展。

3.土地退化

土地极度退化现象也非常严重,现在全球平均每年有 $5 \times 10^6 hm^2$ 土地,由于极度破坏、侵蚀、盐渍化、污染等原因,已不能再生产粮食。中国土地退化约为 $1.5 \times 10^6 hm^2$。沙漠化只是荒漠化的一个方面,荒漠化已成为各国最为关心的事态之一。

4.人口增长

农业革命前的几千年,世界人口基本上是稳定的。农业革命之后,人口逐渐增长,缓慢的增长一直延续到工业革命,此后的人口曲线开始呈陡然增长趋势。20 世纪人口急剧增长,几乎每 10 年增加 10 亿人。2012 年,世界人口已达 63 亿多,预计到 2023 年达到 90 亿,达到地球最高人口承载量。中国的人口容量则为 16 亿~17 亿(图 7-16)。

资源是一定时间、一定空间条件下能产生经济价值,以提高人类当前及将来福利的自然环境因素和条件。自然界中凡能提供人类生活和生产需要的任何形式的物质,均可称为自然资源,包括能源、土地资源、水资源、生物资源等。自然资源中供给稳定、数量丰富、几乎不受人类活动影响的资源称为非枯竭资源(inexhaustible resource),如太阳能、风能、潮汐能、大气等;自然资源中数量有限,受人类活动影响可能会枯竭的资源称为可枯竭资源(exhaustible resource),如石油、煤炭。可枯竭资源根据其是否能够自我更新分为可更新自然资源和非更新自然资源。可更新自然资源包括土地资源、地区性水资源和生物资源等,其特点是可借助于自然循环和生物自身的生长繁殖而不断更新,保持一定的储量;非更新自然资源基本没有更新能力,这些资源是经历了亿万年的生物地球化学循环过程而缓慢形成的,更新能力极弱。

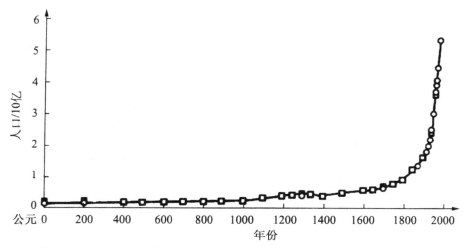

图7-16　2000年以来全球人口数量的变化(仿 Townsend et al. ,2000)

众所周知,通过对自然资源的摄取和控制,以及前所未有的活动规模,人类正在影响和改变着自然界的运转方式,人口众多国家的人均能量利用也将加倍增加。有人估计,陆地总净生产力的近40%被人类利用或通过对土地的使用而被消费,4%被家养动物直接利用,12%因人类活动而消失。

7.2.5　生态安全问题的影响

1.食品安全

食品安全是指食品无毒、无害,符合应当有的营养要求,对人类健康不造成任何急性、亚急性或者慢性危害。食品安全关系到每一个人的健康和生活。近年来,农业部相继提出有机食品、绿色食品和无公害食品,虽然在种植的环境等方面的要求有所不同,但这些食品还是相对安全的。这些食品以外的食品在生产或加工等过程中或多或少存在着安全隐患。

随着世界耕地持续减少,人口激增,基因工程技术以其提高食物的产量和品质、增加营养物质含量等特性越来越受到人们的广泛关注。转基因技术在消除第三世界的饥饿和贫穷方面具有不可替代的作用,但同时,转基因食品的环境和食用安全性也需要深入研究。

2. 国土资源安全

全国第二次水土流失遥感调查显示,目前我国水土流失面积为 56 万 km^2,占国土面积的 37.42%,每年流失的表土在 50 亿 t以上,耕作层的肥力主要来源于表土,水土流失导致耕地土壤肥力下降,生产力低下。据调查,每年因水土流失失去的耕地面积达 6.7 万 hm^2 以上。水土流失加剧了生态环境,特别是农业生态环境的恶化。

我国有天然草原近 4 亿 hm^2,约占国土面积的 40%,但是草原正面临着严重的退化和沙化。目前我国荒漠化土地已占国土面积的 34%,相当于 20 个广东省的面积。荒漠化使近 4 亿人口受到危害。据估计,每年因沙漠化造成的直接经济损失达 540 亿元,一些地区甚至形成了生态难民。

3. 环境安全

目前,我国向环境排放的废弃物数量很大,远远超过了环境的承载能力。我国每年的废水排放量约为 365 亿 t,处理量仅为100 亿 t,处理率不足 1/3。我国平均每天产生城市垃圾 1.5 万 t,每年需要吞噬大量土地资源来处理这些垃圾。日益严重的环境污染给人类的健康造成了影响。

7.3　全球变化的适应与对策

适应是指个体或系统通过改善遗传或行为特征从而更好地

适应变化,并通过遗传保留下相应的适应性特征。这一定义涵盖了从生物个体到某一特定物种的种群,乃至整个生态系统的尺度。

7.3.1　全球变化的适应性

1.概述

适应性研究的相关概念有:

①暴露(exposure):人类—环境系统所面临的环境变化的特征及其变化程度。

②适应能力(adaptive capacity):为了应对实际发生的或预计到的变化及其各种影响,而在自然和人类系统内进行调整,并使之保持在一定状态下。

③弹性(resilience):系统在承受变化压力的过程中吸收干扰、进行结构重组,以保持系统不发生根本性变化的一种能力。

④敏感性(sensitivity):指系统内部、系统与系统之间、复合系统之间对条件变化的响应程度。

⑤脆弱性(vulnerability):系统容易遭受或没有能力应对气候变化的不利影响的程度。

对气候变化的适应是一个持续的过程,应与城市的发展战略结合在一起,并将脆弱性研究作为适应研究的重要步骤。城市作为应对全球变化的关键平台,城市尺度上的适应研究(包括适应方式、适应对策和适应过程)应成为全球气候变化适应研究的一个重要方向。

2.全球变化的生态系统适应性

(1)生态系统对紫外线 B(UV-B)辐射的适应性

UV-B 辐射的增强通过降低植物叶氮在 Rubisco 和生物力能学组分的分配系数而导致叶片光合速率下降;同时,UV-B 辐射的增强通过改变植株对不同氮源的利用方式,进而引起碳氮代谢和酸碱调节的变化。植物对 UV-B 辐射增强的适应性表现在植物叶片表皮增厚,减少 UV-B 辐射到达叶肉细胞的强度,达到减轻危害的目的。

(2)生态系统对气候变化的适应性

生态系统对气候变化的适应性主要体现在植物对水分变化和温度变化的适应性方面。植物对干旱胁迫的响应主要集中在植物抗旱应急蛋白、渗透调节物质的种类及其作用、气体交换过程、气孔的限制作用及水分胁迫信号转导等抗旱机制方面,但关于植物群体/群落、生态系统乃至景观和区域尺度的研究仍甚少。

(3)生态系统对人为干扰的适应性

人为干扰是生态系统退化的主要驱动力,其与自然因子叠加,对生态退化起着加速和主导作用。例如,人口剧增、经济发展及土地利用的变化导致大量草地开垦成农田,不仅使自然生态系统遭到破坏,而且使草原有机碳减少,对全球碳循环产生深远影响。

7.3.2　应对全球变化的策略

人类工农业生产、交通运输、城市化进程的加快造成全球和区域范围内的环境污染、植被破坏、野生动物丧失、生物多样性下降和土地破坏等一系列全球环境变化。为了人类社会的可持续发展,国际科学界和政治界已逐步认识到防治或减缓全球变化的重要性和必要性,先后制定了一系列减缓和应对全球变化的国际公约。

1.减缓气候变化

全球的气候变化主要是由于大气中温室气体的增加所致,此外,大气颗粒物数量的增加也是一个重要原因。要减缓气候变化,首先要控制温室气体的排放和颗粒物的形成,即要减少人类对化石燃料的消耗。

"十一五"期间,中国的节能减排政策推动八大行业 14 项产品的综合能耗与国际先进水平的差距由 2000 年的 40％缩小至 2007 年的 20％。目前提高能效的障碍在于,企业要采用新技术往往意味着要增加投资和管理费用,在发展中国家则可能意味着技术的改进和推广。

另外,改善交通运输系统,有效地管理生态系统(如植树造林),取消政府对高废气排放率的能源补贴,征收"碳税"等都是减少温室气体排放的有效途径。

2. 减缓全球变化的机制

全球变化涉及自然和社会的各个层面,减缓全球变化必须严格执行"强化监督管理的方针",运用技术、经济、教育等多种手段加强对资源开发的生态保护监督管理,从根本上减缓全球环境恶化。

（1）技术

新技术的采用可以提高化石燃料的能效,也有助于其他可再生能源的开发和利用,替代对环境造成严重污染的常规能源。此外,通过技术的改进,大力推广无污染、无公害的清洁生产工艺及先进的治理设施。

（2）经济

通过增加资金投入,从源头上减少废弃物和环境破坏,对已破坏的积极实施生态修复和重建;按照"谁污染,谁破坏,谁治理"的原则,通过税收制度,使工业企业改变生产模式,加强全球变化科学研究,为预测和防止未来全球变化提供理论和技术支持。

（3）教育

全球环境的改善有赖于全球公民环境意识的提高,为此,应通过"世界地球日""世界环境日"等各种渠道和宣传工具提高人们的资源环境意识,使环境保护深入人心。

7.4　生态文明建设

在人类发展的进程中产生了不同的人类文明。从历史来看,人类文明的演变经历了由低级向高级、由简单向复杂的缓慢而曲折的进化过程。从纵向的文明发展水平来看,人类文明先后经历了原始文明、农业文明和工业文明三个发展阶段。目前,人类文明正处于从工业文明向生态文明过渡的阶段。

7.4.1　生态文明的概念

生态文明是人类改造生态环境、实现生态良性发展的成果的总和;是工业文明发展到高级阶段的产物;是以尊重和维护生态环境为主旨,保护自然资源,保障自然的合理供给(图 7-17)。这种文明同农业文明、工业文明一样,都主张在改造自然的同时,发展生产力,不断提高人们的物质生活水平。

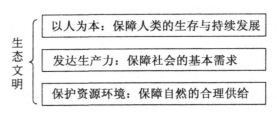

图 7-17　生态文明的内涵

7.4.2　生态文明的实践内涵

生态文明的核心是"人与自然协调发展"。建设生态文明,在政治制度方面,生态文明要进入政治结构、法律体系,成为社会的中心议题之一;在生产方式(经济建设)方面,生态文明建设要不断创新生态技术,改造传统的物质生产领域,形成高效、低碳的生态产业体系;在生态环境保护方面,生态文明建设要治理受污环境、优化生态功能,着力构建自然主导型还原体系;在社会生活方面,生态文明建设要构造自然和谐的人居环境,培育节约友好的生活方式和消费意识;在意识文化领域,生态文明建设要创造生态文化形式。这几个方面相互影响,相辅相成,紧密联系。生态文明建设体系如图 7-18 所示。

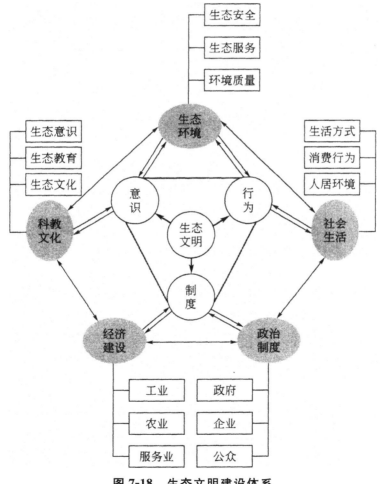

图 7-18　生态文明建设体系

7.4.3　生态文明建设内容

生态文明建设主要是将技术与自然充分融合,使居民的身心健康和环境质量得到最大的保护,让物质、能量、信息高度利用,形成一个良性的生态循环。

生态城市是在生态系统承载能力范围内,运用生态经济学原理和系统工程方法去改变传统经济建设和城市发展的模式,改变传统的生产和消费方式、决策和管理方法,挖掘市域内一切可利用的资源潜力,耦合生态型产业(经济)、生态环境(自然)和生态文化(社会)三大子系统而成的一类城市(图 7-19)。

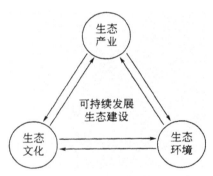

图 7-19　生态城市建设体系示意图

生态市(区、县)建设是落实科学发展观、建设环境友好型社会、进行生态创建的重要载体。环境保护部(原国家环境保护总局)于 2003 年启动了生态市(区、县)创建工作,制定了《生态县、生态市、生态省建设指标》,在全国范围内开展生态市(区、县)创建工作。

生态文明建设是继生态市(区、县)建设的更深层次的创建工作,是生态市建设的优化和补充,更是城市优化建设的一个“过程”。二者建设都是过程,而非最终结果。相对于生态市建设而言,生态文明建设要站在人类历史发展的高度,高瞻远瞩,建设全新的环境伦理观,强调人与自然和谐共处。在实际操作中,生态文明更加注重意识形态和生态制度方面的建设,因此任务更加艰巨,历时更加长久,需要更广泛的公众参与。生态文明和生态市(区、县)建设关系如图 7-20 所示。

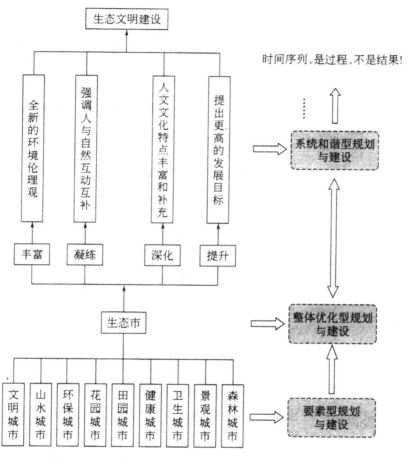

图 7-20　生态文明和生态市(区、县)建设关系示意图

　　生态文明建设的核心和最终目的是"人与自然和谐发展"。人与自然和谐发展体现在一个国家、一个城市自然生态环境优美,人居生态环境和谐。为了实现人与自然和谐,生态文明建设包括生态意识文明建设、生态制度文明建设和生态行为文明建设,其中生态行为文明建设又分为生产行为文明建设和生活行为文明建设(图 7-21)。

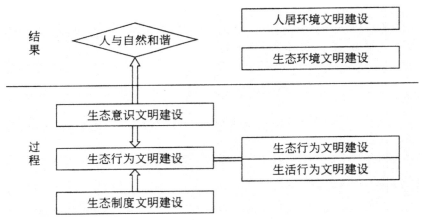

图 7-21 生态文明建设内容示意图

第 8 章　森林生态系统解析

　　森林生态学是生态学的重要分支学科,森林具有复杂的生物与环境相互作用关系和典型的生物地理现象。在生态学的产生和发展过程中,正是通过对森林的研究,揭示了很多有关生态学的基本规律。重要的生态学派及其奠基人学术观点的形成,都与他们长期和系统地从事森林研究密不可分。应该说森林的复杂性和典型性,给生态学这门学科提供了丰富的素材和案例,正由于此,森林生态学才有了今天这样迅速的发展及其重要的学术地位。

8.1　森林生态学概述

　　森林生态学(forest ecology)具体指研究以乔木和其他木本植物为主体的森林群落与环境之间关系的科学。森林不仅仅是一个林分或者一个木本植物群落,更重要的,它是一个具有结构和功能的复杂的生态系统。因而,森林生态学不但研究森林的组成、结构和功能,同时还要关注气候、地理、土壤以及其他有机体等。所以,森林生态学的研究对象为森林环境和动、植物有机体,研究内容为这些有机体的变化、结构和功能特征,及其对物理环境的响应等。

　　这里需要解释的是森林和生物群落,森林生态学把森林看作一个生物群落(biological community),研究构成这个群落的各种林木、其他生物及其相互之间的关系,以及这些生物与周围环境之间的关系。森林受其周围环境的影响,同时,森林的存在也会对环境有一定的改造作用。森林群落中植物与植物之间,植物与动物之间,以及动物与动物之间存在着多种多样的相互关系。研究森林生态学就要从组成森林的具体成分着手,揭示这些成分之间的消长关系、结构特征及其与环境之间的相互作用规律。

8.2　森林地理分布

8.2.1　森林分类

为合理保护和利用森林资源,必须首先识别和鉴定各种不同类型的森林,也就是进行森林群落类型的划分,包括以人类利用方式和目的为依据的分类及以自然属性为依据的分类。前者强调森林群落的使用价值,比如将森林植物群落分为用材林、防护林、水源涵养林等。后者则强调揭示森林群落本身固有的特征及其与生境之间的内在联系,其最终目的是寻找森林内部的自然体系。

森林群落是由不同种类的植物在一定环境条件下构成的。不同的森林群落之间,通常并没有明显的界线,彼此在遗传上也没有明显的亲缘关系。森林群落的分类一直以来都是一个非常复杂的问题,迄今为止人们并没有找到一种普遍适用的分类方法与分类系统。

1.森林分类的植物群落学途径

植物群落学途径强调植物群落的整体性,所利用的分类依据通常为群落自身的某些特征,比如群落的外貌特征、结构特征、区系组成、群落优势种的生态学特征,以及群落的演替特征等。包括森林在内的植物群落是一种复杂的生物地理现象,针对它进行类型划分必然会有许多不同的方法。本节仅对其中三种做了简单介绍。

（1）法瑞学派的植被分类

法瑞学派的群落分类方法充分利用种的分布关系，以植物区系组成的分析为基础，采用群丛为分类的基本单位。所谓群丛，是指植物种类成分表现出一致的外貌，且生境条件一致，具有一定植物区系组成的群落。群丛是抽象的植被分类单位，群落是生长于现实条件下具体的实体，二者的关系类似于种和个体的关系。将群丛加以组合或进一步细分，就衍生出法瑞学派的群落分类系统，从高到低的顺序依次为：植被区、群纲、群目、群属、群丛、亚群丛、群丛变型、群相。

在组成群落的各个植物种中，有些种对某一特定的关系比较敏感，可用以指示该特定的生态关系。法瑞学派将群落中具有明显指示性的植物种称为鉴别种，并采用鉴别种作为群落类型划分的基本依据。鉴别种包括特征种、区别种和恒有伴生种。其中，特征种通常只在特定的植物群落片段或样地中出现，或在特定的群落片段或样地中有最好的表现，因而可以指示一定的群落和环境。从理论上讲，可以依据特征种进行从群丛到群纲的各个分类等级的划分。作为群丛的特征种，不一定在群落中占优势，而是分布范围较窄，确限度大。确限度指各个种相对于各植物群落类型的分布局限程度，是通过调查一定地区所有群落的植物种类组成，并将不同群落类型加以对比后得出来的。区别种主要用来区别亚群丛，是第二类鉴别种，指伴生植物中存在度大，多度、盖度显著的种类。恒有伴生种是第三类鉴别种。它们在群落中出现频率高，但不属于特征种或者区别种。它与特征种一起构成群丛或更高级分类单位的特征种组合。

图 8-1 示意沿湿度梯度的鉴别种。图中种 1 和种 2 是群丛 B 的特征种，而且它们的种群集中在该群丛。种 3 和种 4 是群丛 A 的特征种，种 5 是群丛 C 的特征种。种 4 和种 6 是群丛 B 的亚群丛 a 的区别种，而种 7 和种 8 是群丛 B 的亚群丛 c 的区别种，分别将潮湿或干旱亚群丛和湿润亚群丛 b 区别开来。种 9 也可作为

较高级群落分类单位的特征种,比如,它可以将群丛 B、C 及一些其他群丛联合成一个群属。

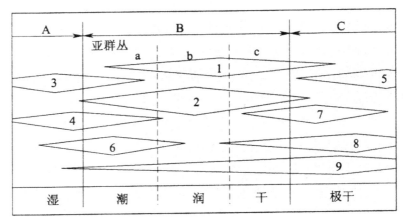

图 8-1 沿湿度梯度的鉴别种(转引自 Whittaker,1985)

(2)英美学派的植被分类

英美学派重视植物群落的动态。其代表人物之一克列门茨一方面把群系看成如同具有出生、生长、成熟和死亡的复杂生物体,认为顶级群系是充分发育的相对稳定的成熟有机体。另一方面,群系也可以理解为覆盖一定地理区域的植被单位,并在该地区成为顶级,它的优势种的生活型表征着当地的气候特征。克列门茨是以群系概念为基本单位,根据群系优势种的差异,在演替理论的指导下建立的自成一体的分类系统。在该分类系统中,群系通常按优势种划分为不同的群丛。群丛之间的差异则反映了群系所处地区内部的气候差异,是外貌、生态结构和种类成分相似的群落的联合,通常有两三个优势种。如只有一个种占优势,则称为单优群丛(consociation)。群丛以下为群丛相,是群丛的地理变型,包含群丛中的两个或几个但非全部优势种。上述的单位系列仅适用于顶级群落,可称之为英美学派分类系统的顶级系列。与之平行的还有一个应用于演替的群落的演替系列,包括演替的群系(formies)、演替的群丛(associes)、演替的单优群丛(conssocies)、演替相(fascies)和演替组合(socies)等单位。因此,英美学派在进行植物群落类型划分时采用的是双轨制的分类系统。

(3)苏联的生物地理群落学派

生物地理群落学派的核心是苏卡乔夫的林型学说。该学说重要的理论基础是:森林是一种植物群落,林型即指植物群落类型,就是植物群落分类中最低级别的单位,即植物群丛类型。至于森林中的环境条件或者立地条件则被当作是植物群落的外在条件,只有森林的种类组成结构,尤其是其中的优势种,才是森林群落的内部特征。苏卡乔夫指出,所谓林型是指一些在树种组成、其他植被层的总的特点、动物区系、综合的森林植物条件、植物和环境之间的相互关系、更新过程和森林演替方向等方面都相似,而且在相同的经济条件下,要求同样的林业措施的森林地段的总和。林型包括生物群落和环境全部,相当于森林生态系统。在进行林型划分时,一方面要考虑群落本身的特征,如建群种、优势种、层片结构以及各种地表植物区系性质等;另一方面还要对群落的环境以及群落的动态特性给予必要的重视。

根据起源及更替过程,苏卡乔夫进一步把林型分为根本林型和派生林型两种类型。前者是在自然界未受人类影响、病虫害毁灭或严重风倒等特殊影响,其所有特点都是由于气候和土壤条件而引起的林型;由于人类活动、病虫害等影响而形成的林型则称为派生林型。由于受外力影响,任一林型可能发生强烈的改变,其中既包括生物群落的改变,也包括生态条件的改变,并由此产生与原来不同的派生林型。在适合的条件下,派生林型可以恢复到根本林型,但绝不会完全相同。

生物地理群落学派还创造性地用生态序列图来描述同一主要树种的所有林型(图8-2)。生物地理学派通常用群落优势种和指示种划分并命名林型,实际上代表着特定的生境条件,比如图8-2中所涉及的云杉(*Picea purpurea*)、椴树(*Tilia tuan*)、金发藓、泥炭藓等都代表着一定的生境条件。换句话说,各种林型在生态序列图上的位置也反映了它们与土壤水分和营养状况的联系。可见，生物地理群落概念与生态系统概念有相似之处，前者本身也注重生境条件在分类中的作用，只不过表示的方法不同于后者而已。有些学者认为，生物地理群落就是生态系统的同义语。

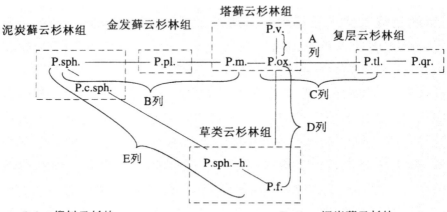

P.tl.：椴树云杉林 　P.sph.：泥炭藓云杉林
P.qr.：栎树云杉林 　P.c.sph.：苔草泥炭藓云杉林
P.sph.-h.：泥炭藓草类云杉林 　P.pl.：金发藓云杉林
P.f.：溪旁云杉林 　P.m.：乌饭树云杉林
P.ox.：酢浆草云杉林 　P.v.：越橘云杉林

图 8-2 云杉林生态序列图（转引自 Whittaker，1985）

图 8-2 中 4 个轴和一条过渡线代表 5 个生态序列，4 个轴的交点代表最典型的林型，即对水分和肥力的要求都属中等的林型。A 列由中生中土向旱生、瘠土过渡，离交点越远，则旱生、瘠土性质越严重；B 列向土壤湿度增加、通气不良，即沼泽化过渡；C 列向肥土方向过渡；D 列向湿度增加的流动水过渡，即向溪边过渡；E 列介于停滞水的沼泽向流动水的溪流过渡。

作为植物群落分类的一种途径，生物地理学群落学派的分类系统在苏联全境内的植被清查中起到了极其重要的作用，体现了较高的实用价值。我国北方地区的森林资源分类也经常借鉴该分类系统，如大兴安岭落叶松林的林型划分、小兴安岭红松阔叶林的林型划分等至今还都沿用这种方法。

2.森林分类的立地类型途径

立地是决定一个地区所能生长的植被类型和性质的环境条件,可以从性质上按照气候、土壤和植被的不同将立地划分为不同的类型,也可以按照潜在的木材生产力将其区分为不同的地位级。立地实际上包含了两层含义:其一是指气候和土壤等非生物及植物和动物等生物环境的综合,其二是指一个最小的同质地域范围。在森林群落分类的立地类型途径中,采用的分类依据并不完全相同,有的依据下层植被,有的依据个别种的指示作用,也有的将整个群落综合起来考虑。此外,还有单纯考虑非生物环境如气候、地形和土壤等因素的。

（1）立地分类系统

立地类型的划分通常采用地位级系统和立地指数系统。地位级系统将林地从高到低分为Ⅰ、Ⅱ、Ⅲ、Ⅳ、Ⅴ 5 个等级。地位级越高,为林木生长提供的立地条件就越好,林分的生长状况也就越佳,最直接的体现就是林分的平均树高越大。因此人们往往首先制定一张地位级表,明确各个级别在各年龄时段的树高范围,根据林分实际的平均年龄与平均树高对照地位级表就可以确定该林地所属的地位级。立地指数也称地位指数,是在地位级概念的基础上发展起来的。地位级更多的是表示一种立地条件的相对等级,立地指数则是一个更为直观地体现立地质量的数字概念。查定立地指数通常根据立地指数曲线图或立地指数表进行。立地指数通常以一定年龄的实际树高来表达,例如,北美通常取 50 年。比如根据某一片林分的年龄以及其中优势木—亚优势木的树高查得其地位指数为 16,则说明当这片林分达到指数年龄或标准年龄时（此年龄由立地指数表的编制者事先确定,不同树种可能有不同的标准年龄）平均树高可达到 16m。

（2）芬兰学派的森林立地类型

芬兰学派的森林类型划分是以立地分类为基础的,森林立地类型（forest site-type）是芬兰学派森林群落分类中的中心概念。

该学派的代表人物卡扬德认为,森林立地类型是围绕着一个成熟或典型群落类型的演替上相关的群落,它能指示森林环境的质量,并且可以根据林下植物组成加以识别。芬兰学派认为,较之易受火烧、砍伐等干扰因素影响的上层林木,森林中下层植被在种类组成上具有相对稳定性,因而特别重视下层植物对立地类型的指示作用和代表意义,并主张以森林中的下层植被作为森林分类的基础。这种观点的客观基础是斯堪的纳维亚和波罗的海地区的为数不多的树种在各自广阔的分布范围内,往往伴生有不同的下木。

芬兰学派提出的分类单位分为 3 级:立地型纲、立地型和林型。立地型纲(site-type classes)是最高级的分类单位。一个地区的森林植被可以分为 3～6 个立地型纲,分别代表不同的土壤湿度及肥沃度。卡扬德把芬兰的森林分为 5 种立地型纲:干旱瘠薄(dry-and-poor)立地型纲、凉爽中生(fresh-mesie)立地型纲、凉爽肥沃(fresh-and-rich)立地型纲、潮湿肥沃(wet-and-rich)立地型纲和潮湿贫瘠(wet-and-poor)立地型纲。后来又增加了一个干燥肥沃(dry-and-rich)立地型纲。图 8-3 描述了爱沙尼亚森林的立地型纲,图中实线表示纲之间天然存在的转化过程,虚线表示森林的质量级(等地位级)。

在每一个立地型纲的范围内,以下木层中的优势种作为指示种或代表种,可以划分为 1～7 个不同的立地型或亚型,指示森林立地质量及成熟群落的演替方向、不同树种的潜在生产力以及相应的经营管理措施。在干旱瘠薄立地型纲中,按照下层植物的优势种分为 5 种立地型:地衣型、乌饭树地衣型、石南型、岩高兰乌饭树型和越橘型。

根据林冠层和优势植物种,又在同一立地型中划分出不同的林型。比如在以乌饭树为优势的立地型中,区分出了松树—乌饭树林型、云杉—乌饭树林型、白桦—乌饭树林型和山杨—乌饭树林型。

芬兰学派的森林分类系统适用于北方和亚高山、泰加林群系型,并为提出对全世界有影响的群落结构分类途径方面做出了贡献。

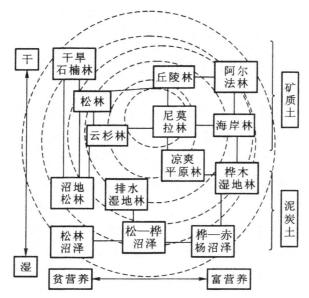

图 8-3　爱沙尼亚森林的立地型纲（转引自 Whittaker，1985）

8.2.2　森林的分布及其影响因素

1.植物区系与环境条件相互作用

简单地说，植物区系（flora）即指某一地区所有植物的总和。一方面，植物区系的形成显然离不开自然环境的作用；另一方面，植物区系又与其所在地区的环境条件长期相互作用，彼此适应，构成了地区特有的植被。和其他植被类型一样，森林植被也是植物区系与环境条件相互适应的产物。

（1）物种分布区、植物区系与植物群落

一个植物种由若干个个体组成，它们所占有的全部地域就构成了该植物种的分布区。植物种分布区的范围大小及形状至少取决于两个方面：一是该种植物自身的生态特征，尤其是繁殖能力及繁殖体的传播能力；二是环境中各种生态因子及它们的组合，包括地形因子、气候因子、土壤因子等共同塑造了植物的分布区。各生态因子中，植物的生态幅最窄者通常就是限制其分布的重要因素。

地球上已知的植物种类高达 50 多万种,每种植物都有独特的分布区。某一地区内所有植物种类的综合即为该地区的植物区系,如北京植物区系、长白山植物区系、热带植物区系等。成分分析是植物区系研究的基础工作。植物区系的组成成分通常有 3 类:一是地理成分,根据植物区系各种类组成的现代地理分布进行划分;二是发生成分,依据各种类组成的起源中心或原产地进行划分;三是历史成分,划分的依据是植物种类组成进入该区系的历史时间。在成分分析的基础上,根据地理成分、发生成分和历史成分的综合构成情况,可以进行植物区系区划,也称植物区划。从高级到低级,植物区系区划系统包括域(realm 或 kingdom)、区(region)、省(province 或 domain)和县(district)等区划单元。

植物群落和植被是在植物区系与环境的相互作用下形成的。但是植物群落或植被与植物区系的关系远不是表面的和直观的。如果把植物区系比作建筑材料或构件,植物群落便相当于用这些材料或构件盖的建筑物,植被则是建筑群整体。外貌上相似的植物群落可以在完全不同的植物区系基础上构成,在一个较大的植物区系单元(区、省、域)内,也可以找到各种植被类型。比如欧亚大陆上,山毛榉林的优势种不同于北美山毛榉林的优势种,也不同于南半球山毛榉林的优势种;而在整个泛北极植物区系域内,包含了森林带、草原带和苔原带等不同的植被景观带,植被类型和植物群落类型就更多了。有些时候,特定的植物群落则可能成为某一植物区系的明显指征。比如马基(Machia)群落是一种独特的常绿硬叶植物群落,就是典型地中海成分植物区系的指示植物群落。

(2)生态气候图解

植物区系作为植物群落的"建筑材料",为森林的分布提供了必要的内在基础。与此同时,气候因子、地形因子、土壤因子、生物因子等也都是影响植被分布的外部条件,其中尤其重要的是气候的影响。

　　气候因子是一种综合生态因子,它包含了多种气象要素。要具体地描述某一地区的气候,需要对各种气象要素的状况进行说明,在描述过程中往往使用大量的公式、指数和数据。H. Walter 首先采用生态气候图解来分析植被与气候的关系。生态气候图解提供了某一特定地点在全年内平均温度和降水的形象资料,同时也表示出相对湿润和相对干旱季节出现的时间以及持续的时间和强度、寒冬的时期和程度及初霜和晚霜情况(图 8-4)。在图上通常还标明气候观测站的名称与经、纬度位置。

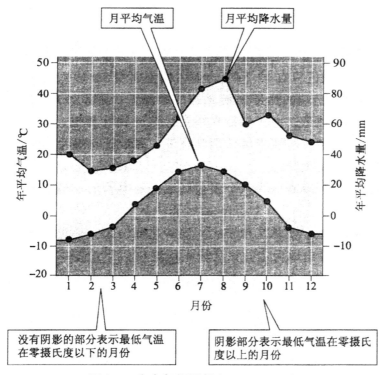

图 8-4　生态气候图解（Molles,1999）

2.森林地理分布规律

森林是植物区系与阳光、热量、水分、氧气、二氧化碳及矿质营养等相互联系、相互作用的结果。因此决定其地理分布的要素包括气候条件、土壤条件等,尤其是气候条件中的大气热量与水分状况对森林的地理分布有着极为深刻的影响。

由于热量与水分状况在地球表面分布的规律性,致使植被在地理分布上也呈现出相应的地带性规律,包括纬度地带性、经度地带性和垂直地带性。纬度地带性取决于纬度位置所联系的太阳辐射和大气热量等因素,经度地带性取决于经度位置距离海洋的远近所联系的大气水分条件,二者合称为水平地带性。垂直地带性受水平地带性的制约,取决于特定水平位置上,海拔所联系的热量与水分条件。

(1)森林的水平分布

受经、纬度位置的影响所形成的森林分布格局,称为森林的水平分布。森林分布格局中森林类型从低纬度向高纬度或沿经度方向从高到低有规律地分布,称为森林分布的水平地带性,包括纬度地带性和经度地带性。

1)中国森林分布的水平地带性

我国地域辽阔,南自南沙群岛,北至黑龙江,跨纬度49°,大部分在18°~53°,东西横跨62°。气候方面,自北向南形成寒温带、温带、亚热带和热带等多个气候带;东部受东南海洋季风气候的影响,夏季高温多雨,西北部远离海洋,是典型的内陆性气候。

2)世界森林分布的水平地带性

世界范围内森林分布的水平地带性也非常明显。体现在沃尔特绘制的理想大陆植被分布图(图8-5)上,以赤道为中心,由南向北依次分布着热带雨林、热带季雨林、热带稀树草原、硬叶常绿林等。

水平地带性中有时候是纬度地带性更明显,有时候则是经度地带性更加突出。比如在非洲大陆上,纬度地带性尤为明显;北美洲中部地区,东面濒临大西洋,西面是太平洋,自大西洋沿岸向东,依次出现常绿阔叶林带、落叶阔叶林带、草原带、荒漠带,抵达太平洋沿岸时又出现森林带,明显地表现出经度地带性。

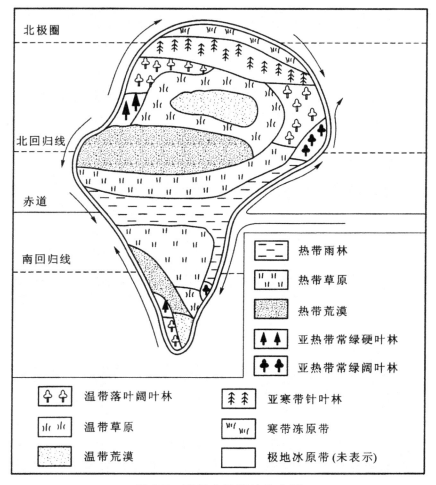

图 8-5　理想大陆植被分布图

（2）森林的垂直分布

既定经纬度位置上,海拔的变化将导致气候条件的垂直梯度变化,植被分布也因此而产生相应的改变。独立地看,在地球上任何一座相对高差达一定水平的山体上,随着海拔升高,都会出现植被带的变化,体现出植被分布垂直地带性规律。垂直地带性是从属于纬度地带性和经度地带性的,三者一起统称为三向地带性。

森林垂直带谱的基带植被是与该山体所在地区的水平地带性植被相一致的。山体随海拔升高出现的森林垂直带谱与水平方向上随纬度升高出现的带谱一致。以我国东北地区的长白山为例,随着海拔升高,依次出现以下森林类型:250~500m,落叶阔叶林带(杨、桦、杂木等);500~1100m,针阔叶、混交林带(红松、椴木等);1100~1800m,亚高山针叶林带(云杉、冷杉等);1800~2100m,山地矮曲林(岳桦林);2100m以上高山灌丛(牛皮杜鹃);再往上为天池。从长白山往北,随着纬度的升高,森林类型也出现类似的带状更替。

在同一纬度带上,经度位置对植被的垂直分布也有着重要的影响。比如在我国,天山处于东经86°,长白山处于东经128°,虽然二者同处于北纬42°左右,它们的垂直带谱却有着明显的区别。长白山由于距离大海较近,植被基带较复杂;天山处于内陆,为荒漠植被区,其植被的垂直分布带谱为:500~1000m,荒漠植被;1000~1700m,山地荒漠草原和山地草原;1700~2700m,山地针叶林(云冷杉)带;2700~3000m,亚高山草甸;3000~3800m,高山草甸垫状植物带。

从垂直带谱的比较上来看,天山与长白山不仅在植被垂直带谱组成上有所不同,而且相似的垂直带所处的高度也有所升高,比如云、冷杉林带在长白山处于海拔1100~1800m,在天山则处于1700~2700m的范围内。形成这种差异的原因主要在于天山与长白山所处经度位置不同所导致的水热条件及其在垂直分布上的差异。在我国同一纬度带上,自东向西,随着经度的递减,大陆性气候增强,必然导致植被发生相应的变化。但是在西部地区,随着海拔的升高,气温下降,水分增加,大陆性干旱逐渐消失,因而在天山的上部出现了与长白山相似的海洋性植被带,只不过是其出现的海拔相应有所提高(图8-6)。

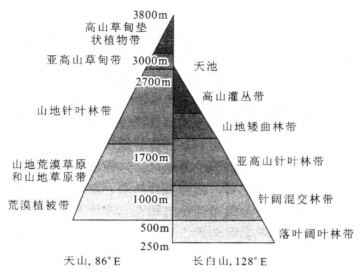

图 8-6　天山与长白山植被垂直带谱的对比示意图

8.2.3　世界森林分布

在前面我们已经接触到了各种森林植被类型,如温带地区的落叶林、寒温带地区的泰加林(横跨亚洲、欧洲和北美寒温带的针叶林)和热带地区的雨林等。显而易见,森林植被分布与地理环境条件密切相关,尤其是气候和地貌在全球范围内的分异极其深刻地影响着森林植被的类型及其分布。气候资源中又以水因子和温度因子与植被分布的关系最为密切(图 8-7)。

气候特征决定了区域植被类型的基本特征。因此,与全球气候分布格局相对应,地球表面不同的区域分布着具有不同特征的植被类型。世界植被类型的分布格局如图 8-8 所示。

本节将以大的气候带为单位,对热带雨林与热带季雨林、温带森林和北方森林等地球上主要的森林类型及其分布情况进行概略介绍。

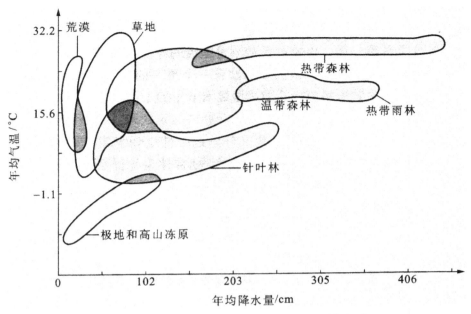

图 8-7　年均降水量及年均气温决定植被类型

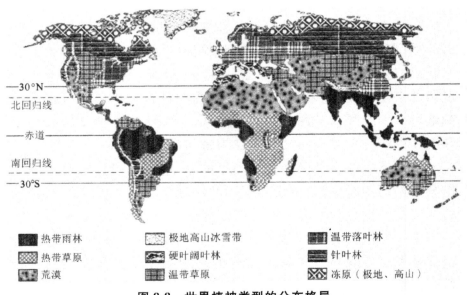

图 8-8　世界植被类型的分布格局

1.热带雨林与热带季雨林

热带雨林与热带季雨林(tropical rainforest and seasonal forest)在赤道带有广泛的分布,集中的分布区域包括美洲热带雨林区、印度—马来西亚雨林区和非洲热带雨林区(图 8-9)。

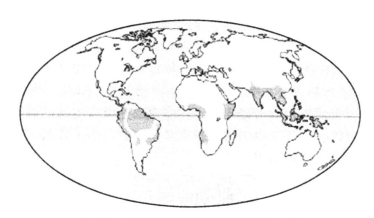

图 8-9　热带雨林和热带季雨林分布区

(1)热带雨林

热带雨林分布区的气候具有两个非常明显的特征:高温和高湿。这种气候条件下,植被最明显的特点是物种多样性高,层次复杂,生物量大。

热带雨林具有陆地生态系统类型中最大的生物量,一般为450t·hm^{-2},最大可达 1000t·hm^{-2},初级生产力每年可超过 20t·hm^{-2}。对于整个地球及地球上所生活的人类而言,热带雨林具有不可替代的存在价值与生态意义。但是由于热带地区人口众多,地区经济落后,尤其是当地居民还多采用"刀耕火种"的生产方式,在人类采伐、火烧或开垦等行为的高强度影响下,热带雨林遭受着严重破坏,正以每年 1130 万 hm^2 的速率消失。在这种现实情况下,热带雨林的保护显得尤为重要。

(2)热带季雨林

热带季雨林(tropical seasonal forest)每年在干旱季节树木落

叶,雨季出叶,季相变化明显,也称"雨绿林";种类组成较雨林贫乏。热带季雨林的集中分布区在印度、东南亚、非洲西部和东部、南美和中美洲、西印度群岛和澳大利亚北部等地。同样属于湿润热带气候条件,但受季风气候盛行的影响,降雨季节分配不均,有明显的干湿季节交替现象。

热带季雨林气候变得干旱和土壤变得瘠薄时通常被热带阔叶疏林(tropical borad-leaved forest)所取代。在南美的北部、印度的西部、南非和缅甸分布着典型的热带阔叶疏林,由高 3～10m、主干矮曲、叶片厚和树皮抗火烧的乔木和灌木组成。在气候更为干燥的地方则出现多刺疏林(thornwood),它是热带地区旱生性最强的森林群落,在非洲、美洲、大洋洲及亚洲都有分布。

2. 温带森林

温带森林(temperate forest)主要分布在北纬 30°～50°,其中绝大部分集中分布在北纬 40°～50°。在亚洲,日本、中国东部、朝鲜、西伯利亚东部都覆盖着温带森林。在欧洲大陆,温带森林西起斯堪的纳维亚南部经伊贝利亚西北和英伦群岛直抵东欧地区。在北美洲,温带森林从大西洋沿岸一直延伸到大平原,在西海岸从加利福尼亚北部直到阿拉斯加东南部也都分布着温带针叶林。在南半球,智利南部、新西兰及澳大利亚南部也有温带森林分布(图 8-10)。

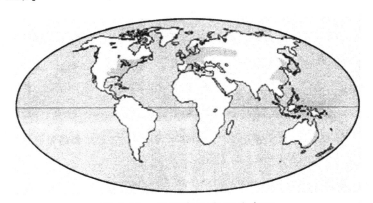

图 8-10　温带森林主要分布区

温带森林分布区内,很少有极端温度出现,年降水量通常在650~3000mm。温带森林地区比草原地区的冬季降水量更为丰富。在生长期湿度较大且持续时间在 4 个月以上地区的温带森林里,落叶树种占绝大优势,它们依靠树叶脱落来度过 3~4 个月的漫长冬季。不过,虽然冬天经常是大雪纷飞,但温带落叶林分布的地区,气温还是相对比较温和的。在冬季更为寒冷或者夏季更为干燥的地区,则形成以针叶树种为主的温带森林,温带针叶林内落叶树种往往仅局限在溪旁、沟谷等水分比较充足的小生境中分布。

温带森林包括温带雨林、温带落叶林和温带常绿林等类型。这里集中生长着世界上最高大的树木。在澳大利亚,优势种山地桉(*Eucalyptus regnans*)树高可以超过 90m;在北美洲的温带雨林里,优势种红杉(*Redwood*, *Sequoia sempervirens*)可以长到100m 高。

在温带地区气候条件更为干旱、降水量更加稀少、真正的森林群落难以维持的地区,生长着温带疏林,形成森林和草原、森林和半荒漠的过渡地带。比较典型的温带疏林是美国西部分布于内陆的针叶疏林,这里以松树和柏树为主,林下伴生有很多灌木和杂草。

温带森林地区也是人类活动集中的地区,受人类活动的影响严重。在新西兰,由于畜牧业生产和游憩引进了大量的鹿,同时由于早期不合理地采伐和开垦农田,使得曾经生长茂密的温带森林大面积消失。在我国,温带森林也已大部分被开垦成农田。因此,温带森林也亟待人们的保护。

3. 北方森林

北方森林(boreal forest)也即泰加(taiga)林,分布于北纬45°~57°,覆盖了地球表面11%的陆地面积。分布区内的气候特点是冬季寒冷、漫长,一年中温度超过 10℃以上的时间仅 1~4 个月,最暖月平均气温 10~20℃,年温变幅达 100℃,年降雨量

300～600mm,蒸发量很小,大陆性气候明显(图8-11)。

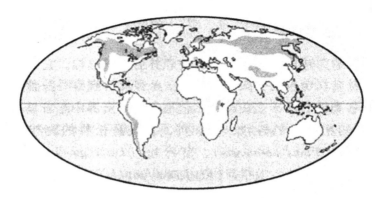

图 8-11　北方森林主要分布区

北方森林树木干形良好,树干通直,易于采伐加工,是世界上最重要的木材生产基地,但其系统内物质循环速率慢,死地被物层厚,分解周期长,因而生产力很低,一般情况下,只相当于温带森林的一半。

8.3　森林群落结构特征

森林群落是各种生物与其所在环境长时间相互作用的产物,不同的森林群落有不同的群落环境。

8.3.1　森林群落的基本特征

森林群落的基本特征可以从以下几个方面来识别,即:具有一定的物种组成(又称种类组成);具有一定的结构和外貌;具有一定的动态特征;与环境具有不可分割的联系;具有一定的分布范围。

1.种类组成

区别群落的首要特征之一就是每一群落类型都具有特定的

种类组成。森林群落是分布在一定生境下的所有与森林相关的生物种群的集合,因此种类组成的不同和变化是确定森林群落的重要依据。任何一个森林群落必然具有其一定的种类成分,而这些物种并非任意组合,而是通过复杂的种内、种间关系,多种成分并存的结果。优势乔木树种常常与一定的灌木和草本共同出现,同时还可能与一定的动物相伴,以我国北方地区的阔叶红松(*Pinus koraiensis*)林为例,红松林下常常出现毛榛子(*Corylus mandshurica*)、绣线菊(*Spiraea* sp.)、苔草(*Carex* sp.)和舞鹤草(*Majanthemum bifolium*)等,同时松鼠(*Sciurus vulgaris*)也必然是这个森林群落不可缺少的生物类群。这就是所谓的群落种类组成的确定性,我们可以通过种类组成来识别不同的群落类型。

2. 结构和外貌

森林群落中各类生物种群从水平到垂直都是按照一定的规律进行排列和组合,且各个生物组成成分之间以一定的结构相互联系。森林群落的组成和结构十分复杂,因为高大的乔木与林下的各种灌木和草本植物之间存在着复杂的相互关系。不同的种类成分在空间上占据不同的位置,例如:乔木、灌木和草本的地上部分分别处于不同的高度,地下的根部也集中分布在不同的深度,形成群落的成层现象。此外,随着一年四季的变化,不同植物具有不同的萌发和生长时间使得群落具有季相。这种空间和时间上的结构特征与变化,使群落在外部形态上表现出一定的外貌。森林群落的外貌是由各种植物的基本生活型决定的,也是群落对环境综合作用的反映,是长期适应的结果。

3. 动态特征

森林是各种生物及其所在环境长时间相互作用的产物,森林群落随着时间不断地发生变化,同时为下一个群落的出现准备条件。森林群落的变化形式包括季节变化、年际变化和演替。由于所处的生长发育阶段、周围的环境条件和历史发展时期的不同,每个森林群落都具有一定的动态特征,或向一个固定的方向演化,或缓慢地衰退,或维持一定范围的稳定。群落是一个动态的体系,是适应环境变化的需要。

4.与环境的联系

与其他群落一样,森林群落的出现是与一定的环境条件相联系的,即森林在一定条件下才能形成。同时森林群落的形成对环境会产生很大的影响,例如,高大乔木对光的遮蔽使得群落内光照环境发生重新分配,群落中物种的生长和死亡,动植物残体的分解等,形成了不同于森林群落外部环境的特殊环境。

5.分布范围

任何群落都具有一定的分布范围,即群落具有区域性。没有在任何地方都能分布的植物种类,更没有在任何地方都能分布的森林群落。森林群落的自然分布范围具有一定的局限性,不同的森林群落只能在某一些地理范围内分布。同时,在一定的地理范围内,也必然有相应的森林群落的出现,群落是地理环境和历史发展综合作用的集中表现。严格地说,每一个群落都有其不同于其他群落的分布区和生境。森林更是一种地理现象,其分布的确定性表明森林群落产生的必然性及其对新环境的影响和适应范围。

8.3.2 森林群落的空间结构

研究森林群落结构可以从组分和构造两方面进行。组分是构成群落形态的成分,如叶的大小、生活型种类和数量等,这并不涉及它们是怎样配置的;构造是指它们垂直和水平的空间配置。因此,群落的生活型谱属于结构组分,而生活型或生长型以及层片在不同层次中的分布及其格局才是群落的构造。

1. 森林群落的成层性

　　森林群落中的环境是异质的,这就使得对复杂生境具有不同
的要求和适应性。不同的植物种类错落有致地排列在一定的空
间位置上,而且由于它们的生长和发育也具有时间上和空间上的
差异,因此,森林群落具有明显的成层现象,这种空间上的垂直分
化也就是所谓的垂直结构(图 8-12)。

图 8-12　森林群落的垂直结构
A—地上成层现象;B—地下成层现象

　　在森林群落中,上层乔木树种的林冠位于上层,向下光照强
度递减,光质也有所不同,同时温、湿度也相应发生着变化。林内
小气候的垂直梯度导致不同生态习性的植物分别处于不同的层
次,形成了所谓的群落垂直结构。因此,成层现象就是森林群落
中各种植物彼此之间为充分利用营养空间而形成的一种适应
现象。

2.森林群落的水平结构

森林群落的结构特征还表现在水平方向上,它表现为组成群落的各种植物或生活型在群落中的水平分布格式,其主要特征就是镶嵌性(mosaic)。这是由植物个体在水平方向上分布不均匀所造成的,从而形成了许多小群落(microcenose)。群落水平结构是由物种生态学特性、种间相互关系以及环境条件综合决定的。造成群落内环境的不一致性同时还与动物活动以及人类的影响有着密切关系。水平结构在构成群落的形态、功能和动态中都具有重要作用。通常可用水平结构图解来直观表示种群在群落中的水平分布状况(图 8-13)。

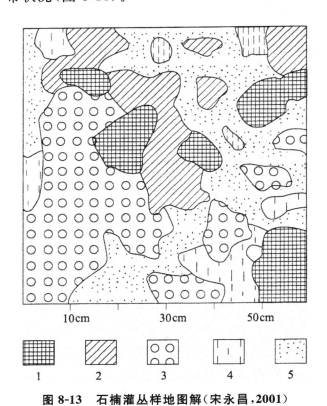

图 8-13 石楠灌丛样地图解(宋永昌,2001)

1—两性花岩高兰(*Empetrum hermaphroditum*);2—笃斯越橘(*Vaccinium mliginosum*);

3—纤细桦(*Betula exilis*);4—毛鳞苔(*Ptilidium ciliare*);5—地衣

3.森林群落的外貌与动态

群落的外貌就是一个植物群落的外在表现,是区分不同植被类型的主要标志。群落的外貌会随着季节的变化而呈现出不同的季相,同时群落种类组成及其特征也会随着时间而发生有规律的变化,这就是群落的动态。

森林和许多其他群落的季节变化一样,主要受气候周期性变化的制约,同时与植物的生活史密切相关。群落的季节动态是群落本身内部的变化,这种变化并不影响整个群落的性质。

中纬度和高纬度地区的气候四季分明,因此群落的季节变化较明显,而分布在低纬度地区的湿润森林的季节变化最小,优越环境下季节动态比严酷环境下变化小。但总的来说,群落的季节动态主要是指随着季节的变动,组成群落的种类、数量、生物量等所发生的有规律的变化。

叶面积指数的变化能够表征群落的季节动态,陈厦和桑卫国(2007)研究了暖温带地区 3 种森林群落叶面积指数和林冠开阔度的季节动态。研究结果表明,落叶阔叶林(优势种为辽东栎、棘皮桦和五角枫)和华北落叶松林两种落叶森林群落的叶面积指数值均随着生长季的到来而呈现增长的趋势,最大值出现在 8 月〔图 8-14(a)〕;林冠开阔度值随着生长季的到来而下降,最大值出

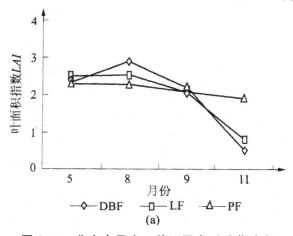

图 8-14　北京东灵山 3 种不同类型季节动态

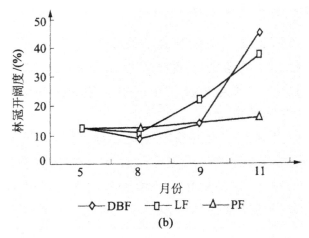

图 8-14　北京东灵山 3 种不同类型季节动态（续）（陈厦和桑卫国，2007）

DBF、LF、PF 分别为落叶阔叶林、华北落叶松和油松林

现在 11 月［图 8-14（b）］。落叶阔叶林的叶面积指数和林冠开阔度的季节动态较之华北落叶松林明显。油松是常绿树种，虽然其群落叶面积指数和林冠开阔度的变化程度均不明显，但林冠开阔度的变化趋势也是与叶面积指数的变化趋势相反。

8.4　森林与全球气候变化

　　森林与环境特别是与气候是一种相互依存的关系。一方面，森林作为一种植物群落，要求有适宜的环境条件，其中光照、热量、水分等气候条件直接影响着各种森林的地理分布范围和生产力时空分布格局，气候的冷暖、干湿变化又直接和间接地影响着森林生态系统的结构和功能。因此如果气候发生变化，森林生态系统必将受到影响。另一方面，森林本身可以形成特殊的小气候，由于森林改变了下垫面的反射率和热特性，使森林气候与海洋气候类似，气温变化和缓，空气较为湿润。由于地球上森林面积约占陆地面积的 30％，因此森林不仅起到调节局地或区域气候的作用,还可以影响全球气候的变化程度和性质。

8.4.1　森林与气候

1.气候对森林分布及对森林生产力的作用

植物的地理分布与气候密切相关,我们只要把世界气候分布图和植被分布图加以叠加,就很容易地看出植物的分布范围和界线都严格地受到气候条件的限制。气候特别是热量和水分以及两者的配合状况是控制植物群落地理分布最重要的因子,同时热量和水分又决定了植物可能生产力。

(1)气候对森林分布的限制作用

气候条件限制着植物的分布范围和界线。随着植被调查资料和气象资料的积累,生理学方法与数学模型结合,形成了定量表示不同植被分布与气候对应关系的植被分类系统模型。其中植物生态学家霍尔德赖弗(Holdridge)的生命地带分类系统可以相当准确地确定植被分布对于气候条件的依赖关系(徐德应等,1997)。霍尔德赖弗通过对中南美洲哥斯达黎加(Costa Rica)和加勒比海(Carribben)地区热带植被生态进行研究,认为气候条件对植被空间分布具有决定作用;某一地区植被在限定的气候条件下,可根据其综合外貌的简单分类或者更详细的个体群体所构成的生命形式来划分,其分类单位即成为生命地带(life zone)。决定生命地带的气候要素主要有:生物温度($>5℃$ 的气温)、年降水量和可能蒸散率,而可能蒸散率又取决于热量和降水。植物群落组合可以在上述 3 个气候要素的基础上予以限定(贺庆棠,2001)。张新时等修正的霍尔德赖弗生命地带模型模拟结果与中国植物分布较吻合。中国各地区不同气候条件下的森林分布与霍尔德赖弗生命地带系统模拟结果对应关系如下:

随着纬度的升高,地面接收到的太阳辐射逐渐减弱,北半球从北到南的气候带由寒温带气候逐渐过渡到热带气候;又由于季风的作用,我国从东南到西北降水量逐渐减少。水热条件的差异,形成了不同的森林类型和植被分布。大兴安岭山地为寒温带气候,平均生物温度(>5℃的平均气温)为 5.6℃,年降水量 451mm,分布着寒温带针叶林,在霍尔德赖弗生命地带里属于北方森林生命地带;温带气候带东北部平均生物温度为 7.8℃,年降水量 556mm,东南部的平均生物温度为 8.8℃,年降水量 768mm,森林类型为温带针阔叶混交林,属霍尔德赖弗生命地带的冷温带湿润森林;华北为暖温带气候带,南部平均生物温度上升到 13.3℃,年降水量 743mm,对应的森林类型为暖温带落叶阔叶林,霍尔德赖弗生命地带分类系统模拟为暖温带干旱森林地带;亚热带气候对应亚热带常绿阔叶林,平均生物温度为 15.1~21.0℃,年降水量 967~1474mm,属于霍尔德赖弗湿润森林生命地带;热带雨林和季雨林的北部平均温度为 22.4℃,年降水量达 1709mm,属霍尔德赖弗系统的亚热带湿润森林生命地带;热带南部的平均生物温度为 24.2℃,年降水量 1684mm,达到霍尔德赖弗系统热带湿润森林生命地带的标准。

可以看出,寒温带到温带平均生物温度上升 2.2℃,年降水量增加 105mm,森林类型由寒温带针叶林过渡到温带针阔叶混交林,气候由暖温带过渡到亚热带;只需平均生物温度上升 2℃,暖温带落叶林就转变为亚热带常绿阔叶林。随着气温由北向南逐渐升高,寒带的单纯森林植被种类逐渐变为热带的植被种类。当年降水量由东到西减小到 382mm 时,森林植被被草原植被代替;年降水量减小到 110mm 时,则为荒漠生命地带。由此全球气候变暖对森林地理分布的影响可见一斑。

(2)气候对森林生产力的决定作用

植物生产力受气候和土壤综合作用的影响,但土壤因子比较稳定,而气候状况则随着时空变化较大。因此植物可能生产力主要取决于光、热、水等气候因子。某一地区植物的土壤条件处于该地区最佳状态下所能达到的最大第一性生产量,称为植物气候生产力。

气候因子决定植物气候生产力,可以根据植物产量与气候因子之间的关系建立估算植物气候生产力的数学模型。筑后模型是其中之一,内鸠利用世界各地自然植被净第一性生产量以及世界各地的气候资料,得到了植物气候生产力与气候因子的关系。张新时利用修正后的筑后模型估算了中国霍尔德赖弗生命地带系统的植物生产力,估算结果如下:

处于寒温带的大兴安岭山地针叶林,在霍尔德赖弗生命地带里属于北方森林生命地带,气候生产力为 $4.62t \cdot hm^{-2} \cdot a^{-1}$;我国温带气候带森林类型为温带针阔叶混交林,在霍尔德赖弗生命地带里被划分为冷温带湿润森林,气候生产力为 $5.9 \sim 7.6t \cdot hm^{-2} \cdot a^{-1}$;华北暖温带气候带对应的森林类型为暖温带落叶阔叶林,气候生产力为 $7.0 \sim 8.6t \cdot hm^{-2} \cdot a^{-1}$;亚热带常绿阔叶林属于霍尔德赖弗湿润森林生命地带,气候生产力为 $6.8 \sim 15.4t \cdot hm^{-2} \cdot a^{-1}$;热带南部在霍尔德赖弗系统里属于热带湿润森林生命地带,气候生产力为 $17.3 \sim 24.2t \cdot hm^{-2} \cdot a^{-1}$。寒温带到热带平均生物温度由 5.6℃ 上升到 24.2℃,年降水量由 451mm 过渡到 1684mm,气候生产力由寒温带的 $4.62t \cdot hm^{-2} \cdot a^{-1}$ 达到热带的 $24.2t \cdot hm^{-2} \cdot a^{-1}$,可见气候对森林气候生产力具有一定的影响和决定作用。

2.森林对气候的影响

下垫面是空气中热量和水分的直接和主要来源,因此下垫面性质、状态、热属性是制约气候形成和变化的重要因子。森林作为一种重要的下垫面,是影响气候的因子之一,它的增长和消失,部分影响了大气温度和降水,同时影响大气环流以及气候的稳定和异常。

(1)森林小气候

森林小气候的形成和变化因素主要有辐射、局地平流或者湍流及水分的蒸发和凝结。这三种影响因素使得森林温度变化和缓,林内温度的日较差和年较差较小,湿度大,风速较小,对附近区域气候也起到调节作用。

1）森林辐射

森林冠层厚，能够大量吸收到达林冠上方的太阳辐射，79%左右被冠层吸收，只有11%左右到达森林下层。由于森林冠层的这种消光作用，使到达地面的太阳辐射量减小，这是森林昼温低于旷野和草地的原因之一。夜间或者冷季林冠阻挡地面的长波辐射能量损失，缓和了林内温度，因此夜间温度高于旷野等下垫面。

2）局地平流或者湍流

森林林木对空气运动有阻碍作用，气流通过森林时，受森林摩擦作用影响，动能消耗使风速减弱。气流深入林内距离越远，动能消耗越多，风速越小，局地平流减弱或者消失；加上森林内温度较林外低，也使湍流交换进一步减弱。

3）森林水分

森林通过对降雨的树冠截留、林下多年堆积的枯枝落叶层吸水以及森林土壤的良好渗水性能3种作用，致使雨后的林下，只有10%的水量成为地表径流流走，其余的都成为地下水及林中水保留下来，使森林的绝对湿度和相对湿度都较大。水的热容量比土壤大，使得森林升温和降温幅度都较陆地小，也是森林温度变化较和缓的原因之一。同时，森林蒸发吸收大量热量，也使森林温度不易升高。因此森林温度变化和缓，降水量较大，与海洋性气候类似。

（2）森林对气候的调节作用

一般森林的反射率仅有土壤的1/2，穿过大气到达地球表面的太阳辐射，被占陆地面积30%的森林层层吸收，然后通过长波辐射、潜热释放及感热输送的形式传输给大气。可以认为森林是气候系统的热量储存库之一。森林部分影响了降水，因此森林破坏不仅减少对太阳辐射的吸收，同时还会影响水循环，大范围的森林变化甚至可能影响全球的热量和水分平衡。作为全球气候系统的组成部分之一，森林使得区域气候趋于稳定，进而对全球气候起到稳定的作用。总之,尽管目前对森林大量被砍伐影响气候的问题还有某些不同看法,但有一点共识,这就是森林面积急剧减小,会对气候产生一系列影响。森林生态系统的变化也是研究气候变化不可忽视的一个因素。

8.4.2　全球气候变化

所谓"全球变化"是地球环境系统的变化,其中"变化"具有"恶化"或"有恶化趋势"的含义。"地球环境系统"则因人类与环境密不可分,涵盖了相关的人类社会和经济的内容。地球环境中的气候、土地生产力、海洋和其他水资源、大气化学及生态系统中能改变地球生命承载力的一切变化都可称之为全球变化。

1.制约气候形成和变化的因子

气候的形成不但是大气内部的过程,还是海洋、冰雪覆盖、陆地表面、地球生物分布以及大气上边界处太阳辐射等直接和间接影响的结果。通常认为制约气候形成和变化的基本因素是辐射、环流因子(包括大气环流和洋流)和下垫面。但是由于人类活动对下垫面性质和大气成分的影响日益加大,故人类活动也成为气候形成和变化的主要因子之一。除这些因子之外,影响气候变化不容忽视的一个因素是气候的自然变率,也就是气候在没有人类活动影响下的变化节律。

(1)辐射、下垫面因子

太阳辐射能是整个气候系统的最主要能源,照射到地球的太阳辐射需要通过大气层到达地面。大气对太阳辐射的吸收多位于太阳辐射光谱两端能量较小的区域,对于可见光部分吸收较少,可以说大气对可见光是透明的。太阳短波辐射被下垫面吸收,下垫面在吸收太阳短波辐射增热的同时,本身又放出长波辐射而冷却。因此大气的直接热源是下垫面放出的长波辐射。海陆分布、地形、植被、土壤、冰雪覆盖等不同性质下垫面形成的动力和热力作用不同,这样就形成了不同的气候类型。

森林是地球表面下垫面最高的生物群落,林冠的存在减少了到达林内的太阳辐射和长波射出辐射,这就使森林内及附近地区白天和夏季温度比农田等其他陆地生态系统低,夜间及冬季则不至于太冷。由于高纬度地区冬长夏短,所以森林提高了年平均温度;在中纬度地区,森林对夏季和冬季日平均温度的影响与高纬度地区相同,但由于夏季较长,所以森林有降低年平均温度的作用;在低纬度地区,全年都是射入辐射占优势,森林的存在有降低日平均温度的作用,当然也降低了年平均温度。大气中的水分同样来源于下垫面,由于森林有巨大的留存水分能力,近地层的空气湿度较高,所以森林还有一定的成云致雨作用,从而对气候造成影响。

(2)温室效应和温室气体

由于大气对太阳短波辐射吸收很少,易于让大量的太阳辐射透过而到达地面,同时大气又能强烈吸收地面长波辐射,使地面辐射不易逸出大气,大气还以逆辐射返回地面一部分能量,从而减少地面的失热,大气对地面的这种保温作用,称为"大气保温效应",习惯上称为温室效应。

植物光合作用吸收大气中的 CO_2,将 CO_2 汇集到陆地生物圈,海洋也在不断地吸收和释放 CO_2,其透光层中也存在相似的光合作用和呼吸作用,使得海洋成为 CO_2 最重要的汇。工业革命以来,人类大量使用煤炭、石油和天然气等化石燃料,源源不断地增加 CO_2 释放源,同时土地利用变化和森林被破坏,导致 CO_2 的生物汇在不断减少;增加释放源和减少吸收汇的结果,使大气 CO_2 浓度不断增加。近 600 年来,大气 CO_2 含量变化如图 8-15 所示(刘东生等,2004)。工业化之前的很长一段时间里,大气 CO_2 含量大致稳定在 $280\mu mol \cdot mol^{-1}$。自 1958 年开始在夏威夷的马纳罗亚(Mauna Loa)火山观测站观测的大气 CO_2 含量表明,在 30 年内大气 CO_2 含量增加了近 $70\mu mol \cdot mol^{-1}$,年均增长率约 0.4%。由南极冰核及夏威夷马纳罗亚火山观测站给出的

600 年来大气 CO_2 含量变化可见,大气 CO_2 含量在 1800 年开始明显增加,而且增加速率越来越快。大气 CO_2 含量在 1958 年为 $315\mu mol \cdot mol^{-1}$,1998 年升至 $367\mu mol \cdot mol^{-1}$;年增加速率由 20 世纪 60 年代的 $0.8\mu mol \cdot mol^{-1}$ 增加到 80 年代的 $1.6\mu mol \cdot mol^{-1}$。由此可知,森林和温室气体的关系就是森林和 CO_2 的关系。中国近几十年来森林资源情况变化很大,1991 年以前,中国森林蓄积量在不断下降,总的蓄积生长量低于采伐量,但人工林增长面积是世界上最快的,所以中国森林对大气 CO_2 中平衡的作用更应引起重视。

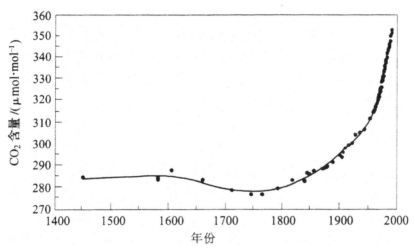

图 8-15　大气中 CO_2 含量的历史资料(布莱恩特,2004)

(3)环流因子

气候形成和变化的环流因子包括大气环流和洋流。环流因子对气候系统中的热量重新分配起着重要作用。地球上各种规模空气运动的综合表现称为大气环流。大气环流和洋流在高低纬度之间传递热量,在环流的经向热量输送中,洋流作用占 33%,大气环流作用占 67%,低纬度地带洋流输送超过大气环流,高纬度(30°以北)地带大气环流输送占主要部分。

由于环流因子在气候形成中起重要作用,当环流形式出现异常变化时,直接影响天气和气候。例如:厄尔尼诺(El Niño)和南方涛动(Southern Oscillation),即 ENSO 事件。厄尔尼诺事件是指在赤道中、东太平洋海洋温度异常升高的现象。由于海洋和大气的互相作用,若 90°～150°W、5°N～5°S 赤道太平洋海区的海表温度(SST)持续 6 个月以上高于 0.5℃,则称赤道太平洋发生了厄尔尼诺事件。南方涛动简称 SO,是指太平洋与印度洋海平面气压的跷跷板式变化。特别是南太平洋气压高时印度洋气压低,南太平洋气压低时印度洋气压高。由于海平面气压的变化主要发生于南半球,所以称为南方涛动。厄尔尼诺与南方涛动有着密切关系,赤道东太平洋海温上升幅度与太平洋和印度洋的海平面气压差有很好的相关性,所以人们经常把这两个现象合起来称为ENSO。由于洋流在全球热量和水分输送中的重要作用,在 ENSO 发生时,赤道东太平洋海域表面水温比正常水温升高 2～5℃,持续时间较长,达 6～15 个月,对全球气候有显著影响,进而影响全球生态环境。

2.气候变化

地球气候是由若干温暖期和寒冷期交替组成的,也就是说,在漫长的历史长河中,气候一直处于冷(冰期)、暖(间冰期)交替之中。冰期地球平均气温比现代低 7～9℃,间冰期比现代高 8～12℃。地球上的气候随时间是变化的。一般把气候随时间的变化分为 3 个时间尺度进行研究:①地质时代气候变迁,通常指距今 6 亿年的气候;②历史时代气候变迁,通常指距今 1 万年的气候;③近代气候变化。

(1)地质时代气候变迁

地质时代气候主要根据地质构造、地质沉积物和古生物进行研究,近年还采用了同位素地质方法研究地质时代的气候变迁。根据上述方法分析,证实地质时代曾经发生过冷暖干湿的演变。目前世界科学界公认地质时代气候变迁有三大冰期:距今 6.5 亿年前的震旦纪大冰期;距今 2.7 亿年前石炭—二叠纪大冰期;开始于 2.4 亿年前的第四纪大冰期。两大冰期之间称为间冰期。

大冰期时气候寒冷,间冰期则与目前相当或者比目前气候稍暖。第四纪大冰期可能是地球上的第六个大冰期,全球平均气温可能比现代低 7～9℃。第四纪的气候特点就是冰期与间冰期之间交替,间冰期最暖时可能与现代相当。末次冰期最盛时约在 1.8 万年前,温度比现在低 10℃。间冰期如 5000～7000 年前大温暖期,比现代气温高 2～3℃。

(2)历史时代气候变迁

历史时代的气候,通常指距今 1 万年的气候。在这 1 万年中,后期的 5000 年开始有文字记载。因此研究历史时代气候变迁,利用物候、史书、地方志等方法是非常有效的。一般认为历史时期气候变化的基本特征是初期转暖,中期达到最暖,后期又转凉的过程。初期转暖时斯堪的纳维亚冰盖消融退缩,撤出西欧大面积的陆地;随着气候持续变暖,斯堪的纳维亚冰盖急剧缩小,最终在瑞典北部地区消失,海平面急剧上升,海岸线接近目前的位置。历史时期最温暖湿润时期年平均气温比现代高出 2℃ 左右,北大西洋北部海冰大量消融,山地雪线普遍上升 300～500m,森林向高纬度和高山迁移。后期气候变得较为干燥,冬季寒冷,森林退化,禾本科草本植物增加,随着气候进一步转凉,森林进一步退化,树木属种减少(王绍武等,2005)。

(3)近代气候变化

近代气候变化因为气象观测记录的日益完备而主要依据仪器观测记录来分析。按照竺可桢的分析和后来冰芯的研究,20 世纪总体上处于暖和的时期。但对于近代全球气候变化趋势有不一致的观点和看法。

方精云等(2000)总结了对于近代全球气候变化的认识,存在变暖、变冷和波动 3 种主要观点。

①全球变暖的观点。这种观点的主要依据是:人类活动向大气释放的 CO_2 等温室气体会导致全球温暖化;近百年的气象观测及冰芯分析结果也证实全球气温有上升趋势,如图 8-16 所示。90年代是 20 世纪最热的 10 年,这些事实都支持全球变暖的观点。

这种观点为大多数人所接受和支持。

②全球变冷的观点。认为全球气候还处于自大约5500年前开始的新冰期,总体趋势仍然趋于变冷时期。因此,地球正在变冷的观点也在科学界悄悄兴起。支持这一观点的主要证据有:在全球持续高温的同时,近年来东亚地区出现的历史上少有的凉夏,我国东北地区出现低温冷害,南方水稻因频繁发生的低温事件而减产。

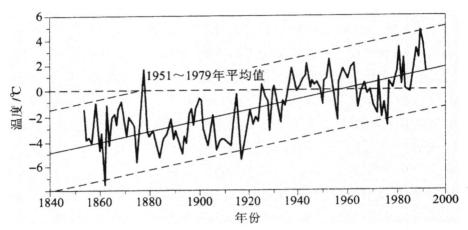

图8-16 1840～2000年北半球年平均温度平均值的变化(布莱恩特,2004)

③气候波动的观点。主要认为目前全球气候系统处于正常的自然波动范围内,很难得出变暖或者变冷的结论。

8.5 森林生态环境监测

对森林生态环境进行监测,阐明森林生态系统的结构与功能以及森林与环境之间相互作用机制,可为森林的合理经营,并进行宏观调控,实现人类生态环境与经济协调发展提供理论依据;另外,将监测结果应用于森林生态环境效益评价,对森林生态效益进行科学计量和评价,对于制定合理的环境政策和社会经济发展规划具有十分重要的战略意义。

8.5.1　森林生态环境监测方法

鉴于森林生态系统在空间结构上的复杂性,时间序列上的多变性,生长发育过程的周期性和环境反应的滞后性等特点,森林生态环境的监测方法有很多,主要包括以下几种。

(1)根据对森林生态环境的影响因素分类

根据对森林生态环境进行调查和研究的内容、场地、频率、周期等的不同,而分为定位监测和半定位监测两种方法。

①定位监测:在一定的区域内,选择有代表性的森林生态环境类型,设固定监测点,进行长期地、系统地、连续地观测与研究。

在国际上,许多国家都设立了长期定位观测站。近年来,已逐步形成了全球性的生态定位监测网络。我国森林生态系统的定位监测与研究基本上是在 20 世纪五六十年代开始的,经过几十年的不懈努力,至 2004 年国家林业局已建立森林生态系统定位研究站 15 个。这些定位站基本上是按气候带建立的,在我国大陆已初步形成监测网络系统。

②半定位监测:相对于定位监测而言,通常由于人力、财力等方面的限制,定位观测站数量有限,对于一些特殊的森林生态系统类型进行相对短期的、不连续的观测和研究,作为对定位观测站的补充。

(2)对于全国资源与生态环境的监测

由于监测目的和监测事项不同,采用的方式主要包括定期监测、日常监测和专项监测 3 种。

①定期监测:在已有土地变更调查的基础上,扩充、完善土地利用分类体系,开展每年一次的资源与生态环境变更调查,全面监测资源与生态环境变化。

②日常监测:随时监测有关洪水、违法用地、毁林砍伐、毁草开荒、乱占滥用土地等突发事件。

③专项监测:在国家重点生态环境建设地区进行资源与生态

环境时空变化的监测。

8.5.2 森林生态环境监测指标与内容

我国地域辽阔,自然地理条件差异极大,森林生态环境类型复杂多样,不同的森林生态系统都有其特定的功能和特点。因此,在选择监测指标时要因地制宜,体现不同区域自然条件的优势和生态过程的特点。

1. 生态环境监测指标确定的原则

(1)代表性原则

作为一个生态系统,许多生态环境问题都不是孤立的,相互之间互相影响,有着一定的联系。因此,在选定监测指标时,应选择具有广泛代表性、能反映生态环境状况的指标。

(2)综合性原则

生态环境监测是一门综合性的交叉学科,要真实反映生态环境问题,经常涉及其他基础学科问题,需要多个指标,因此在选定监测指标时,应全面、详细地考虑问题,以求能综合反映生态环境特点。

(3)可行性原则

生态监测指标应反映本地区生态环境特点和地带性差异。同时,也要考虑与国内外生态监测工作的衔接,监测指标要有可比性,便于与国内外生态环境状况相似的地区进行分析对比。

2. 监测指标与内容

根据中华人民共和国林业行业标准,现列出主要监测指标与内容。根据不同的试验要求、监测目的等,可从下列指标与内容中选择适宜的观测指标。

(1)气象常规指标

各类观测指标如表 8-1 所示。

表8-1 气象常规指标

指标类别	观测指标	指标含义
天气现象	云量、风、雨、雪、雷电、沙尘	
	气压/Pa	
风①	作用在森林表面的风速/m·s⁻¹	
	作用在森林表面的风向	
空气温度②	最低温度/℃	
	最高温度/℃	
	定时温度/℃	
地表和不同深度土壤的温度	地表定时温度/℃	地表温度指直接与土壤表面接触的温度,包括地表定时温度、最低温度和最高温度。土壤温度指直接与地表以下土壤接触的温度表所示的温度,包括10cm、20cm、30cm、40cm等不同深度的土壤温度
	地表最低温度/℃	
	地表最高温度/℃	
	10cm深度地温/℃	
	20cm深度地温/℃	
	30cm深度地温/℃	
	40cm深度地温/℃	
空气湿度②	相对湿度(%)	空气中的水气压与当时气温下空气饱和水气压的百分比
辐射②	总辐射量/J·m⁻²	距地面一定高度水平面上的短波辐射总量
	净辐射量/J·m⁻²	距地面一定高度水平面上,太阳与大气向下发射的全辐射和地面向上发射的全辐射之差
	分光辐射/J·m⁻²	人为地将太阳发出的短波辐射波长分成若干波段,其中的1个或几个波段的辐射分量称为分光辐射
	日照时数/h	太阳在一地实际照射地面的时数
	UVA/UVB辐射量/J·m⁻²	紫外光谱的两种波段。其中,UVA:400~320nm,UVB:320~290nm

续表

指标类别	观测指标	指标含义
冻土	深度/cm	含有水分的土壤,因温度下降到0℃或0℃以下时而呈冻结的状态
大气降水③	降水总量/mm	降水量指从天空降落到地面上的液态或固态(经融化后)降水,未经蒸发、渗透、流失而在地面上积聚的水层深度
	降水强度/mm·h⁻¹	单位时间内的降水量
水面蒸发	蒸发量/mm	由于蒸发而损失的水量

注:①风速和风向测定,应在冠层上方3m处进行。

②湿度、温度、辐射等测定,应在冠层上方3m处、冠层中部、冠层下方1.5m处、地被物层这4个空间层次上进行。

③雨量器和蒸发器器口应距离地面高度70cm。

(2)森林土壤的理化指标

各类观测指标如表8-2所示。

表 8-2 森林土壤的理化指标

指标类别	观测指标	指标含义
森林枯落物	厚度/mm	
土壤物理性质	土壤颗粒组成(%)	指土壤中各个粒级所占的重量百分比
	土壤密度/g·cm⁻³	单位容积烘干土的质量
	土壤总孔隙度、毛管孔隙及非毛管孔隙(%)	单位容积土壤中空隙所占的百分率。孔径小于0.1mm的称为毛管孔隙,孔径大于0.1mm的称为非毛管孔隙
土壤化学性质	土壤pH值	表示土壤酸碱度的数值,用水中H⁺浓度表示
	土壤阳离子交换量/cmol·kg⁻¹	土壤胶体所能吸附的各种阳离子的总量
	土壤交换性钙和镁(盐碱土)/cmol·kg⁻¹	

续表

指标类别	观测指标	指标含义
土壤化学性质	土壤交换性钾和钠/cmol·kg⁻¹	
	土壤交换性酸量（酸性土）/cmol·kg⁻¹	
	土壤交换性盐基总量/cmol·kg⁻¹	土壤吸收复合体吸附的碱金属和碱金属离子（K^+,Na^+,Ca^{2+},Mg^{2+}）的总和
	土壤碳酸盐量（盐碱土）/cmol·kg⁻¹	
	土壤有机质（%）	指由生物及其残体所组成的土壤有机物质体系,通常用通过1mm筛孔的土壤测定其含量
	土壤水溶性盐分（盐碱土中的全盐量、碳酸根和重碳酸根、硫酸根、氯根、钙离子、镁离子、钾离子、钠离子）（%,mg·kg⁻¹）	
	土壤全氮（%） 水解氮/mg·kg⁻¹ 亚硝态氮/mg·kg⁻¹	
	土壤全磷（%） 有效磷/mg·kg⁻¹	
	土壤全钾（%） 速效钾/mg·kg⁻¹ 缓效钾/mg·kg⁻¹	
	土壤全镁（%） 有效镁/mg·kg⁻¹	
	土壤全钙（%） 有效钙/mg·kg⁻¹	
	土壤全硫（%） 有效硫/mg·kg⁻¹	
	土壤全硼（%） 有效硼/mg·kg⁻¹	

续表

指标类别	观测指标	指标含义
土壤化学性质	土壤全锌(%) 有效锌/mg·kg⁻¹	
	土壤全锰(%) 有效锰/mg·kg⁻¹	
	土壤全钼(%) 有效钼/mg·kg⁻¹	
	土壤全铜(%) 有效铜/mg·kg⁻¹	

(3)森林水文指标

各类观测指标如表 8-3 所示。

表 8-3　森林水文指标

指标类别	观测指标	指标含义
水量	林内降水量/mm	
	林内降水强度/mm·h⁻¹	
	穿透水/mm	林外雨量(又称林地总降水量)扣除树冠截流量和树干径流量两者之后的雨量
	树干径流量/mm	降落到森林中的雨滴,其中一部分从叶转移到枝,从枝转移到树干而流到林地地面,这部分雨量称为树干径流量
	地表径流量/mm	降落到地面的雨水或融雪水,经填洼、下渗、蒸发等损失后,在坡面上和河槽中流动的水量
	地下水位/m	指地下水的深浅,通常用潜水埋深表示
	枯枝落叶层含水量/mm	
	森林蒸散量①/mm	森林植被蒸腾和林冠下土壤蒸发之和

续表

指标类别	观测指标	指标含义
水质②	pH值、钙离子、镁离子、钾离子、钠离子、碳酸根、碳酸氢根、氯根、硫酸根、总磷、硝酸根、总氮（除pH值以外，其他单位均为$mg \cdot dm^{-3}$或$\mu g \cdot dm^{-3}$）	
	微量元素（B、Mn、Mo、Zn、Fe、Cu），重金属元素（Cd、Pb、Ni、Cr、Se、As、Ti）（单位为$mg \cdot m^{-3}$或$mg \cdot dm^{-3}$）	

注：①测定森林蒸散量，应采用水量平衡法和能量平衡—波文比法。

②水质样品应从大气降水、穿透水、树干径流、土壤渗透水、地表径流和地下水获取。

（4）森林的群落学特征指标

各类观测指标如表8-4所示。

表8-4 森林的群落学特征指标

指标类别	观测指标	指标含义
森林群落结构	年龄/a	
	起源	森林的发生原因或繁殖方式
	平均树高/m	
	平均胸径/cm	
	林分密度/株·hm^{-2}	
	树种组成	组成林分的乔木树种及其数量上的比例
	动植物种类数量	
	郁闭度	林冠投影面积与林地面积之比，用十分数表示
	森林群落主林层的叶面积指数	主林层的叶面积总和与林地面积之比
	林木（亚乔木、灌木、草本）平均高度/m	
	林下植被总盖度（%）	

指标类别	观测指标	指标含义
森林群落乔木层生物量和林木生长量	树高年生长量/m	
	胸径年生长量/cm	
	乔木层各器官(干、枝、叶、果、花、根)的生物量/(kg·hm^{-2})	
	灌木层、草本层地上和地下部分生物量/(kg·hm^{-2})	单位面积林地上长期积累的全部活有机体的总量
森林凋落物量	林地当年凋落物量/(kg·hm^{-2})	
森林群落的养分	C、N、P、K、Fe、Mn、Cu、Ca、Mg、Cd、Pb/(kg·hm^{-2})	
群落的天然更新	包括树种、密度、数量和苗高等/(株·hm^{-2},株,cm)	通过天然下种或伐根萌芽、根系萌蘖、地下茎萌芽(如竹林)等形成新林的过程

8.5.3　森林生态环境效益评价方法

1.评价对象

森林生态环境效益评价就是对森林所固有的生态功能与效益的评价,即对生态效益、经济效益、社会效益的评价,而不是对所有环境因素进行评价。

2.森林生态环境效益评价方法

森林生态环境效益评价一般采用定性评价方法、定性和定量相结合的评价方法和定量评价方法。纯粹的定性方法随着科学技术的进步已不多见,但在用来评价无法量化的指标上(或缺乏观测、调查资料)仍不失为一种评价手段,目前常用的是后两种方法。

（1）历史比较评价法

借助历史资料，对森林生态系统建立前后或不同发展阶段的效益，按照统一指标逐项进行对比分析的方法称为历史比较评价法。

刘爱娟等对大运河宝应段圩堤防护林的生态效益进行评价，运用历史比较法即通过造林前（1949～1965）和造林后（1966～1991）圩堤修筑土石方量的不同，说明防护林在保持水土、减轻土壤侵蚀方面的效益（表 8-5）。

表 8-5　宝应段运河圩堤防护林营造前后修筑土石方量比较

项目	土方工程/($\times 10^4 m^3 \cdot a^{-1}$)		石方工程/($\times 10^4 m^3 \cdot a^{-1}$)	
	总计	年平均	总计	年平均
造林前（1949～1965）	154.3	9.64	2.18	0.14
造林后（1966～1991）	3.55	0.14	0.98	0.04

这种方法的优点是十分直观，易于操作。但由于指标间通常没有相同度量因素，相互之间无法加和，不能得出一个统一的标准，而且影响指标变化的因素很多，既有自然因素，又可能有社会经济因素，未必完全是森林生态环境功能带来的。尽管如此，这种方法还是在一定程度上反映了事物的变化趋势，且易于掌握，因而在基层应用较普遍。

（2）直观的整体评价方法

直观的整体评价方法是一种借助农民和专家的经验知识，将定性分析和定量分析结合起来的评价方法。

这种方法的一般过程是：①选择评价项目：根据评价要求、目的和当地实际情况，选定若干个评价项目，例如可以选定水源涵养状况、保持水土能力、防风固沙能力、气候改善能力、土壤肥力状况、光能利用状况、减少病虫害程度、物种多样性状况，以及居住环境改善程度等；②设计出几个等级并量化：如极好（多）3分，好（多）2分，较好（多）1分，一般0分，较差（少）－1分，差（少）－2分；③将它们的评价结果汇总，进行平均，得单项分数，再通过适当的累计法求出总分数。总分数越高,生态环境效益越好。森林生态环境效益调查样表如表 8-6 所示。

表 8-6　森林生态环境效益调查样表

评价指标	气候改善程度	水源涵养状况	保持水土能力	防风固沙能力	光能利用状况	病虫害减少程度	居住环境改善程度
极好(多)(3)							
好(多)(2)							
较好(多)(1)							
一般(0)							
较差(少)(-1)							
差(少)(-2)							
小计							

总分数的累计方法有:加法评分法、连乘评分法、加乘评分法和加权评分法,具体采用哪种累计方法,视评价精度及评价指标的性质而定。

①加法评分法:将评价项目所得分数直接累加起来,以总分的多少决定生态环境效益的高低。其数学表达式为:

$$S = \sum_{i=1}^{n} S_i (i = 1, 2, \cdots, n)$$

式中,S 为评价项目总分;S_i 为第 i 项的分值;i 为第 i 个评价项目。

加法评分法的特点是所有项目对于系统的总生态环境效益来说,其重要性是一致的,不突出任何一个项目。

②连乘评分法:将所有专家对各评价项目所给的分值相乘,并以乘积的大小评价效益的高低。这是一种灵敏度较高的专家评分法。其数学表达式为:

$$S = \prod_{i=1}^{n} S_i (i = 1, 2, \cdots, n)$$

③加乘评分法:将所有评价项目分成两个层次,即大项目和

小项目,然后将小项目的分值先分别相加,再将各小项目相加后所得的分值连乘,最后以乘积大小决定效益的优劣。其数学表达式为:

$$S = \sum_{i=1}^{m} \prod_{j=1}^{n} S_{ij} \quad (i = 1, 2, \cdots, m; j = 1, 2, \cdots, n)$$

式中,S_{ij} 为 i 项目(大项目)中的第 j 个小项目的分值;m 为大项目数;n 为小项目数。

④加权评分法:这种方法由于加入了权数,因此可靠性较高,应用比较广泛,其特点是对评价的项目按其重要程度分别赋予权重,然后进行加权、加和,值大为优。其数学表达式为:

$$S = \sum_{i=1}^{n} S_i W_i \quad (i = 1, 2, \cdots, n)$$

式中,S 为效益评价总分;S_i 为第 i 项分值;W_i 为第 i 项权重。

以上几种方法的选择使用,要视具体情况而定。对于比较复杂、组分较多、生态环境效益多样的评价宜用加乘评分法;对于多个生态环境效益指标之间重要程度悬殊较大的评价,宜采用加权评分法。

参考文献

[1]高凌岩.普通生态学[M].北京:中国环境出版社,2016.

[2]牛翠娟,娄安如,等.基础生态学[M].3版.北京:高等教育出版社,2015.

[3]曹凑贵,展茗.生态学概论[M].3版.北京:高等教育出版社,2015.

[4]张润杰.生态学基础[M].北京:科学出版社,2015.

[5]丁圣彦.现代生态学[M].北京:科学出版社,2014.

[6]李振基,陈小麟,郑海雷.生态学[M].4版.北京:科学出版社,2014.

[7]孙龙,国庆喜.生态学基础[M].北京:中国建材工业出版社,2013.

[8]周凤霞.生态学[M].2版.北京:化学工业出版社,2013.

[9]毕润成.生态学[M].北京:科学出版社,2012.

[10]张雪萍.生态学原理[M].北京:科学出版社,2011.

[11]孔繁得.生态学基础[M].2版.北京:中国环境科学出版社,2011.

[12]林育真,付荣恕.生态学[M].2版.北京:科学出版社,2011.

[13]李俊清.森林生态学[M].2版.北京:高等教育出版社,2010.

[14]张恒庆,张文辉.保护生物学[M].北京:科学出版社,2009.

[15]姜汉侨,段昌群,等.植物生态学[M].北京:高等教育出版社,2004.

[16]赵平,彭少麟,张经炜.退化生态系统生物多样性恢复的有效途径[J].生态学,2000,19(1):53—56.

[17]赵振斌,包浩生.国外城市自然保护与生态重建及其对我国

的启示[J].自然资源学报,2001,16(4):390－394.

[18]周鸿.人类生态学[M].北京:高等教育出版社,2001.

[19]周启星,孙铁珩.土壤植物系统污染生态学研究与展望[J].应用生态学报,2004,15(10):1698－1702.

[20]吴博任.试论城市化进程中的生态建设[J].生态科学,2002,21(2):187－190.

[21]武觐文.生命过程——环境生命人类[M].2版.北京:中国农业出版社,2008.

[22]熊治廷.环境生物学[M].北京:化学工业出版社,2010.

[23]薛建辉.森林生态学[M].北京:中国林业出版社,2006.

[24]杨小波.城市生态学[M].北京:科学出版社,2010.

[25]殷瑶,谷勇,等.浅述生物多样性的价值及其保护[J].生物学通报,2009,44(5):8－10.

[26]余新晓,牛健植,等.景观生态学[M].北京:高等教育出版社,2006.

[27]杨学民,姜志林.森林生态系统管理及其与传统森林经营的关系[J].南京林业大学学报:自然科学版,2003,27(4):91－94.

[28]张金屯.应用生态学[M].北京:科学出版社,2003.

[29]沈满红.生态经济学[M].北京:中国环境科学出版社,2008.

[30]黄莉群.生态园林[M].济南:山东美术出版社,2006.

[31]唐文跃,李晔.园林生态学[M].北京:中国科学技术出版社,2006.